FOTO GUIDE

Artur Landt **FotoGuide Canon EOS 500N**

FOTO-GUIDE

Artur Landt

Canon
EOS
500N

mit EOS 500N QD

Autor und Verlag haben sich bemüht, die vielfältigen Funktionen der beschriebenen Geräte in all ihren Varianten und Auswirkungen korrekt wiederzugeben und zu interpretieren. Trotzdem sind bei aller Sorgfalt Fehler nicht völlig auszuschließen. Wir sind unseren Lesern deshalb stets dankbar für konstruktive Hinweise. Eine Haftung des Autors bzw. des Verlags für Personen-, Sach- und Vermögensschäden ist ausgeschlossen.

Alle didaktischen Schwarzweiß- und Farbabbildungen stammen, wenn nicht anders gekennzeichnet, vom Autor.

2. Auflage 1997

© 1996 by vfv Verlag für Foto, Film und Video, 82205 Gilching
Alle Rechte vorbehalten
Printed in Germany

ISBN 3-88955-092-4

Inhaltsverzeichnis

Vorwort

Die Canon EOS 500N ist eine besondere Kamera: Sie ist für Fotoanfänger und Spiegelreflexeinsteiger ebenso gut geeignet, wie für anspruchsvolle Fotografen, die eine praxisgerecht ausgestattete und einfach zu bedienende Kamera suchen. Das Design der EOS 500N in Silber und Schwarz, sowie die Gestaltung der Bedienungselemente ist angelehnt an die in der hauseigenen Hierarchie höher angesiedelten EOS 50E. Nicht nur die optische Erscheinung hat dadurch gewonnen, sondern auch die Ergonomie: die Kamera ist griffsympatischer und besser zu bedienen. Die Verbesserungen gegenüber der bereits sehr guten EOS 500 beschränken sich freilich nicht nur aufs Äußere. Hervorzuheben sind vor allem zwei wesentliche neue Funktionen, die in der Preisklasse nicht üblich sind: die Belichtungsreihenautomatik und die freie Wahl der AF-Sensoren. Belichtungsreihen sind flankierende Belichtungen, bei denen vom gemessenen Wert ausgehend, eine Serie von Aufnahmen in Richtung Unter- und Überbelichtung gemacht werden. Noch ungewöhnlicher in der Preisklasse ist die Möglichkeit, den Abstand der flankierenden Belichtungen im Bereich von +-2 Lichtwerten in halben Stufen frei zu bestimmen. Während das Vorgängermodell EOS 500 nur mit automatischer Wahl der AF-Sensoren arbeitet (der zentrale Kreuzsensor läßt sich nur zusammen mit der Selektivmessung einzeln aktivieren), kann der Fotograf bei der EOS 500N jeden der drei AF-Sensoren in der Programm-, Zeit- und Blendenautomatik einzeln aktivieren. Der automatisch oder manuell aktivierte AF-Sensor wird sowohl im Sucher als auch auf dem Kameramonitor angezeigt. Zusätzlich zum Vorgängermodell, ist die EOS 500N mit einem Motivprogramm für Nachtszenen ausgestattet. Dank einer Aluminium-Verspiegelung im Prismensucher ist auch das Sucherbild heller.

Weitere Verbesserungen gelten der Blitzbelichtungssteuerung. Mit den Aufsteckblitzgeräten Canon Speedlite 220EX und 380EX ist Kurzzeitsynchronisation bis zur 1/2000 Sekunde und E-TTL-Blitzsteuerung möglich. Bei der E-TTL-Blitzsteuerung wird die endgültige Blitzleistung anhand eines Vorblitzes und in Abhängigkeit vom Umgebungslicht berechnet. Das führt zu einem ausgewogenen Verhältnis von Blitz- und Dauerlicht, so daß die Blitzaufnahmen natürlich wirken.

Genauso wie die Kamera, richtet sich auch das vorliegende Buch sowohl an Fotoanfänger, als auch an anspruchsvolle Fotografen. Die technischen und theoretischen Sachverhalte werden stets vor dem Hintergrund ihrer praktischen Anwendung geschildert. Die Leser und Leserinnen erfahren alles Wissenswerte über die Arbeit mit der EOS 500N und werden Schritt für Schritt in die hohe Schule der Fotografie mit Wechselobjektiven geführt. Das ermöglicht ihnen, das Niveau der üblichen Standardaufnahmen deutlich zu überschreiten.

Dr. Artur Landt, DGPh

Aufnahmevorbereitungen

Es ist natürlich mehr als verständlich, wenn Sie es kaum erwarten können, mit der neuen Kamera zu fotografieren. Erfahrene Spiegelreflexfotografen können diesem Wunsch nachgehen. Fotoanfänger und Spiegelreflexeinsteiger sind jedoch gut beraten, sich zunächst mit der Kamera vertraut zu machen. Durch Fehlbedienung verursachte Funktionsstörungen können nämlich die Freude an der neuen Kamera und somit am Fotografieren erheblich beeinträchtigen. Daher ist es empfehlenswert, die erforderlichen Aufnahmevorbereitungen zu treffen, und sich mit den Funktionen der neuen Kamera vertraut zu machen. Dazu gehören so banale Vorkehrungen, wie das Anbringen des Tragegurtes, oder das Einlegen der Batterien, sowie die Aktivierung der einzelnen Programme und Funktionen. Auch die Lektüre der Kurzanleitung für eilige Fotografen ist vor den ersten Aufnahmen zu empfehlen.

Schützt Sie vor Frust: Bevor Sie einen Film nach dem anderen durch die Kamera jagen, sollten Sie Sich mit den wichtigsten Funktion der Kamera vertraut machen

Tragegurt anbringen

Die Bedeutung des Tragegurtes wird oft unterschätzt. Doch er hat eine wichtige Schutzfunktion, und sollte daher am besten unmittelbar nach dem Auspacken der Kamera angebracht werden. Der mitgelieferte Tragegurt kann an den zwei Gurthalterungen der Kamera wie folgt befestigt werden: Zuerst wird das Ende des Tragegurtes von außen nach innen in die linke Halterung neben dem Programmwahlrad eingeführt und festgezogen. Anschließend wird der Gurt an der Schulterauflage mit der linken Hand hochgezogen, und das freie Ende mit der rechten Hand, ebenfalls von außen nach innen, in die rechte Halterung neben dem Kameramonitor eingeführt und festgezogen. Der Tragegurt sollte dabei nicht »verwurschtelt« und in der Länge der Körpergröße angepaßt sein. Es ist ratsam, den Tragegurt stets an der Kamera befestigt zu lassen. Und falls nicht gerade vom Stativ aus fotografiert wird, sollte die Kamera mit dem Gurt um die Schulter oder den Hals getragen werden. Das verhindert einen ungewollten Bodenkontakt. Darüber hinaus erleichtert der Tragegurt auch den Wechsel von Objektiven oder Filmen.

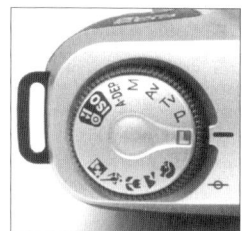

Der Tragegurt wird an die Gurthalterungen befestigt und hat eine wichtige Schutzfunktion

Batterie einlegen und prüfen

Wie bei einer modernen Autofokus-Kamera nicht anders zu erwarten, läuft auch bei der EOS 500N ohne Strom gar nichts. Die Betriebsspannung von 6 Volt wird erzeugt von zwei 3 Volt Lithium-Batterien des Typs CR123A beziehungsweise DL123A. Das Batteriefach befindet sich im Handgriff der Kamera und ist von unten zugänglich. Die Abdeckklappe des Batteriefachs wird geöffnet, indem man die Entriegelungstaste in Pfeilrichtung schiebt (nach außen). Die Batterien werden so eingelegt, wie es auf der Innenseite der Abdeckklappe gezeigt wird. Für einen optimalen Stromfluß ist dabei zu achten, daß sämtliche Kontakte sauber und fettfrei sind. Gegebenenfalls sollte man sie mit einem trockenen und sauberen Tuch abreiben. Die Batteriefachklappe wird durch Andrücken wieder geschlossen.

Die Batterieladung wird automatisch geprüft und bei eingeschalteter Kamera ständig auf dem Datenmonitor angezeigt. Dafür genügt es, das Programmwahlrad aus der L-Position auf ein beliebiges Programmsymbol, zum Beispiel »grüne« Vollautomatik oder Programmautomatik zu drehen. Auf dem Kameradisplay erscheint links oben, unterhalb der Verschlußzeitenanzeige, ein Batteriesymbol. Ein schwarzes Batteriesymbol zeigt eine volle oder ausreichende Batterieladung an. Wenn nur noch die hintere Hälfte des Batteriesymbols schwarz erscheint, dann ist die Batterieladung gering. Der Fotograf oder die Fotografin sollte in diesem Fall keine Fotoexkursion ohne Ersatzbatterie in der Tasche wagen. Ausgetauscht sollten die Batterien aber nur, wenn der Batterierahmen auf dem Display leer bleibt. Bei einem voreiligen Batteriewechsel kann es sein, daß halb volle Batterien weggeworfen werden. Es kann aber auch vorkommen, daß gar keine Anzeige auf dem Display erscheint. Dann sind wahrscheinlich die Batterien falsch eingelegt. Das läßt sich durch Öffnen des Batteriefachs leicht feststellen. Im entsprechenden Kapitel am Ende des vorliegenden Buches finden Sie auch Hinweise zum richtigen Umgang mit Lithium-Batterien. Denn durch falsche Handhabung kann die Lebensdauer der Batterien deutlich verkürzt werden.

Um das im Handgriff untergebrachte Batteriefach zu öffnen, muß die Entriegelungstaste in Pfeilrichtung geschoben werden. Die Batterien müssen umbedingt so eingelegt werden, wie auf der Innenseite der Abdeckklappe dargestellt. Außerdem ist darauf zu achten, daß sämtliche Kontakte sauber, trocken und fettfrei sind

Die Bedienungselemente

Die eindeutig markierten Bedienungselemente sind griffig und dort plaziert, wo man sie als erstes sucht

Eine Kamera ist immer nur so gut, wie sie in der Hand liegt. Und die Canon EOS 500N hat eine hervorragende Ergonomie. Sie ist dem Fotografen buchstäblich in die Hand gebaut. Die griffigen Bedienungselemente sind eindeutig gekennzeichnet und dort plaziert, wo man sie als erstes sucht. Das zentrale Bedienungselement der EOS 500N ist das auch von anderen Canon EOS Kameras her bekannte Programmwahlrad. Es ist aber, wie bei der EOS 50E ergonomischer und daher besser gestaltet als bei den anderen EOS Modellen. Das auf der linken Kameraoberseite plazierte Programmwahlrad wird für die Wahl der Betriebsart

9

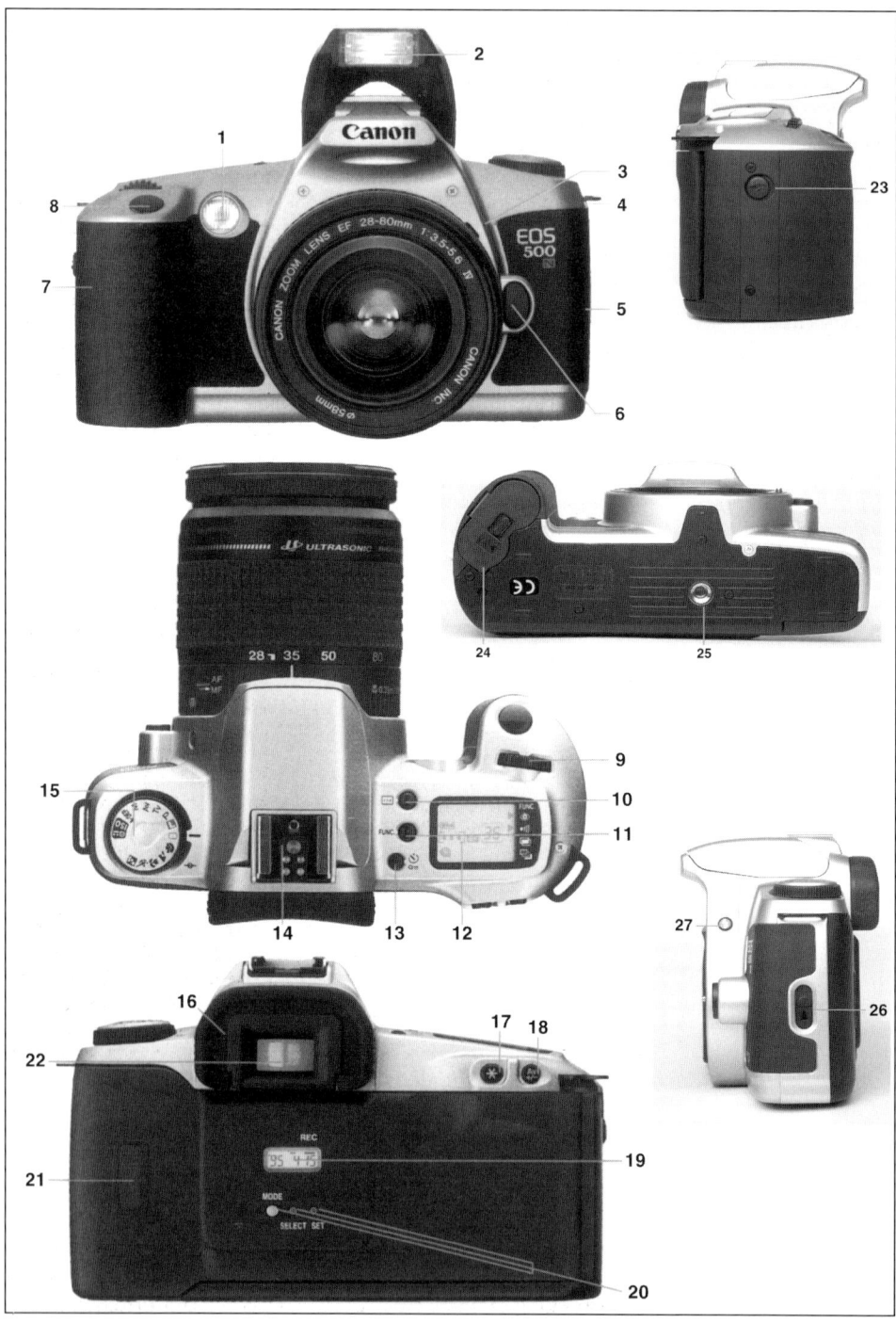

eingesetzt und dient gleichzeitig als Hauptschalter. Wenn sich das Programmwahlrad in der Position mit dem rot markierten Symbol »L« (Lock) befindet, ist die Kamera ausgeschaltet. Um die Kamera einzuschalten, genügt es, das Programmwahlrad in die gewünschte Programmposition zu drehen. Von der L-Position ausgehend, ist es in drei Bereichen unterteilt, die im Canon-Jargon Motiv-, Kreativ und Einstellbereich genannt werden. Zu dem sogenannten Motivbereich gehört die »grüne« Vollautomatik sowie die Motivprogramme für Porträt-, Landschafts-, Nah-, Sport- und Nachtaufnahmen. Der sogenannte Kreativbereich besteht aus Programm-, Blenden-, Zeit- und Schärfentiefenautomatik, sowie der manuellen Belichtungseinstellung. Im Einstellbereich befinden sich zwei Positionen, die eine für die manuelle Einstellung der Filmempfindlichkeit, die andere für den manuellen Rückspulstart.

Auf der rechten Kameraseite befinden sich, zwischen Prismendom und Datenmonitor, die Tasten für den Selbstauslöser/vorzeitigen Rückspulstart, für die Aktivierung der vier Sonderfunktionen (für Vorblitz, Piepton, Mehrfachbelichtungen sowie die Belichtungsreihenautomatik) und für die Wahl des AF-Sensors. Das zwischen Auslöser und Datenmonitor plazierte Einstellrad hat, je nach Programm, verschiedene Funktionen: Shiften der Programmautomatik (Verschiebung der Zeit-Blendenkombination bei gleichbleibendem Belichtungswert), Blendenvorwahl in der Zeitautomatik, Zeitvorwahl in der Blendenautomatik, Einstellung der Verschlußzeit oder der Blende (wenn gleichzeitig die Av-Taste gedrückt wird) bei manueller Belichtungseinstellung. Bei gedrückter AV-Taste (auf der Kamerarückseite) kann die manuelle Belichtungskorrektur in der Programm, Blenden-, Zeit- und Schärfentiefenautomatik eingestellt werden. Unmittelbar neben der AV-Taste ist die Selektivtaste (*) plaziert, mit der, neben der Selektivmessung, auch die Belichtung unabhängig vom Autofokus gespeichert werden kann. Die Objektiv-Entriegelungstaste befindet sich unmittelbar neben dem Bajonett (unter dem EOS 500N-Logo). Die kleine schwarze Taste mit dem Blitzpiktogramm oberhalb der Bajonettriegelung ist für das manuelle Herausklappen des Kamerablitzes gedacht. Der Schalter für die Umschaltung von Autofokus auf manuelle Scharfeinstellung ist nicht an der Kamera, sondern an jedem Canon EF-Objektiv angebracht. Auf der rechten Kameraseite ist oben am Griff eine Buchse für die Fernbedienung (Kabelauslöser) angebracht. Die Rückwandentriegelung befindet sich auf der dem Griff gegenüberliegenden Gehäuseseite. Auf die genaue Aktivierung der jeweiligen Funktionen werden wir in den entsprechenden Kapiteln eingehen.

Der Datemonitor

Wenn wir den externen Datenmonitor als Kontrollzentrum und Schaltzentrale der EOS 500N bezeichnen, dann ist es keine Übertreibung. Daher ist die »Lektüre« der Monitoranzeigen enorm wichtig. Der Datenmonitor ist neben dem Programmwahlrad das äußere Kontrollzentrum der EOS 500N und erfüllt somit eine wichtige Funktion. Auf dem Datenmonitor können die belichtungsrelevanten Daten, sowie einige der eingestellten Funktionen abgelesen werden. Die Daten werden durch Flüssigkristalle angezeigt, daher auch die Bezeichnung LCD-Monitor (Liquid Chrystal Display). Für den Datemonitor gibt es aber auch andere Bezeichnungen, wie Display, Flüssigkristallanzeige, oder sogar scherzhaft »Mäusekino«. In der Übersichtsabbildung nebenan werden sämtliche Anzeigen gleichzeitig dargestellt. In der Praxis wirkt der Monitor aufgeräumt, weil nur die für die jeweils eingestellten Funktionen relevanten Daten angezeigt werden. Bei ausgeschalteter Kamera erlischen sämtliche Monitoranzeigen, wenn kein Film eingelegt ist. Sollte aber ein Film eingelegt sein, dann ist auch bei ausgeschalteter Kamera das Filmpatronensymbol und die Anzahl der verbleibenden Aufnahmen zu sehen. Auf die einzelnen Anzeigen werden wir bei der Beschreibung der jeweiligen Funktionen eingehen.

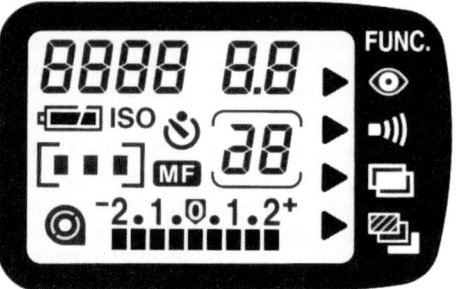

Die Flüssigkristalle können bei Temperaturen unter dem Gefrierpunkt etwas träge reagieren, so daß die Anzeigen mit einer gewissen Verzögerung auf dem Monitor erscheinen. Bei Temperaturen über +60°C kann der Monitor vollkommen schwarz werden. Solche Temperaturen können nicht nur im Tal des Todes, sondern auch im Auto entstehen, wenn man die Kamera bei praller Sonne im Auto läßt. Nach einem temperaturbedingten Ausfall der LCD-Anzeigen »erholen« sich die Flüssigkristalle bei normalen Temperaturen, und sind normalerweise wieder voll funktionsfähig. Außerdem können die Flüssigkristalle nach etwa fünf bis acht Jahren »Alterserscheinungen« zeigen und im Wortsinne »blaß aussehen«. Dann kann nur noch der Canon-Service helfen, und den gesamten Monitor gegen einen neuen austauschen. Daß dieser Fall eintreten kann, wurde bereits bei der Konstruktion der Kamera berücksichtigt und stellt keine technische Schwierigkeit dar. Der Austausch sollte am besten in einer autorisierten Canon-Werkstatt oder direkt beim Canon-Kundendienst in 47877 Willich, Siemensring 90-92, erfolgen.

In der Abbildung sind sämtliche Monitoranzeigen gleichzeitig dargestellt. In der Praxis werden jedoch nur die gerade aktiven Funktionen und Einstellungen angezeigt, so daß der Datenmonitor aufgeräumt wirkt

Sucherinformationen

Fast noch wichtiger als die Anzeigen auf dem externen Datenmonitor, sind die Sucheranzeigen. Denn sie ermöglichen die Kontrolle wichtiger Aufnahmedaten ohne die Kamera vom Auge nehmen zu müssen. Die Sucheranzeigen im unteren Sucherrahmen informieren übersichtlich über die belichtungsrelevanten Daten, wie eingestellte oder automatisch gebildete Verschlußzeit, eingestellte oder gesteuerte Blende, manueller Belichtungsabgleich, manuelle

Im Sucher werden alle für die Aufnahme wichtigen Daten angezeigt

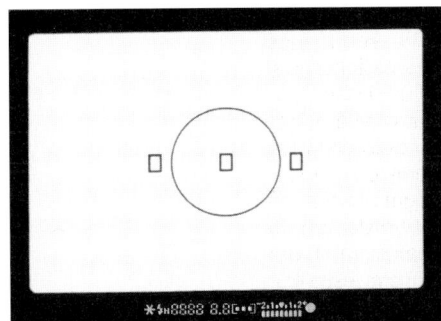

Gleichzeitige Darstellung aller Sucheranzeigen. In der Praxis werden jedoch nur die aufnahmerelevanten Daten angezeigt

Belichtungskorrektur, Belichtungsreihenautomatik, Belichtungsspei-cher, erfolgte oder nicht mögliche Fokussierung, aktivierter AF-Sensor, Verwacklungswarnung, Blitzbereitschaft, sowie Kurzzeitsynchronisation (mit den Aufsteckblitzen Speedlite 220EX und 380EX). Die Daten werden über Leuchtdioden (LED, Light Emitting Diode) angezeigt, und sind somit auch bei schlechen Lichtverhältnissen gut ablesbar. Die Helligkeit der Sucheranzeigen wird den vorhandenen Lichtverhältnissen automatisch angepaßt. Auf der Sucherscheibe ist das Meßfeld für die Selektivmessung mit einem Kreis, sowie die Lage der drei Autofokus-Sensoren mit je einem Rechteck markiert. Welcher der drei AF-Sensoren aktiv ist, wird in der unreren Sucherleiste mit LEDs angezeigt.

Objektive ansetzen und wechseln

Ein nicht sachgemäß durchgeführter Objektivwechsel kann das Bajonett beschädigen oder, falls nicht richtig eingerastet, zu Boden fallen. Sicherer ist es, vor dem Objektivwechsel die Kamera umzuhängen, um beide Hände frei zu haben. Der Gehäusedeckel wird durch eine kleine Linksdrehung abgenommen (wenn man die Kamera aufrecht vor sich hat). Das funktioniert auch ohne daß die Bajonettentriegelung am Gehäuse (der breite Knopf unterhalb dem EOS 500N-Logo) gedrückt werden muß. Unabhängig von der Entfernungs- oder Zoomeinstellung werden die Canon EF-Objektive wie folgt angesetzt: Das Objektiv wird dicht am Bajonett, etwa in der Höhe der roten Ansatzmarkierung gefasst. Die meisten EF-Objektiven sind an der Stelle rundum aufgerauht. Der rote Punkt am Objektiv muß dem roten Punkt am Gehäusebajonett gegenüberstehen. Durch eine kurze Rechtsdrehung (wenn man die Kamera vor sich hält) wird das Objektiv hörbar und spürbar eingerastet. Um sich zusätzlich zu vergewissern, daß das Objektiv auch richtig eingerastet ist, sollte man eine sachte Linksdrehung

Beim Objektivwechsel muß die Bajonettentriegelung gedrückt werden. Vergewissern Sie Sich, daß das Objektiv gut eingerastet ist

versuchen. Das eingerastete Objektiv darf sich nicht mehr bewegen. Der rote Punkt am Objektiv ist erhaben und kann auch im dunkeln abgetastet werden, so daß der Objektivwechsel sozusagen auch mit geschlossenen Augen durchzuführen ist.

Um das Objektiv abzunehmen, wird die Bajonettentriegelung gedrückt und das Objektiv am aufgerauhten Ansatz nach links herausgedreht. Der Objektivwechsel sollte nicht unter direkter Sonnen- oder Lichteinwirkung erfolgen, sondern am besten im Schatten (auch Körperschatten), oder an einer lichtgeschützten Stelle. Außerdem sollte man es unbedingt vermeiden, den Rückschwingspiegel der Kamera zu berühren. Das könnte nämlich schwerwiegende Folgen haben: Verschmutzung und sogar Dejustage.

Wichtige Vorsichtsmaßnahme: Der Objektivwechsel sollte auf keinen Fall unter direkter Lichteinwirkung, sondern nur im Schatten (auch Körperschatten) erfolgen

Kamerahaltung

Oft vernachläßigt, ist die Kamerahaltung beim Fotografieren viel wichtiger, als der Fotograf oder die Fotografin zunächst vermuten würde. Eine sichere Kamerahaltung ist unerläßlich für verwacklungsfreie Aufnahmen. Un das sowohl im Quer- als auch im Hochformat. Wichtig ist die Kamerahaltung auch für die Art und Weise, in der wir uns ein Motiv »aneignen«: Extreme Aufnahmesituationen, bei denen eine besondere Perspektive angestrebt wird (beispielsweise ein sehr tiefer Aufnahmestandpunkt) erfordern eine sichere Kamerahaltung. Die Suche nach der persönlichen Aufnahmeperspektive ist jedoch nicht zu verwechseln mit jenen akrobatischen Verrenkungen, die man besonders an beliebten Urlaubsorten zu Gesicht bekommt. Die Kamerahaltung beeinflußt außerdem die Schnelligkeit, mit der wir auf ein Motiv reagieren können. Sie ist also auch für spontane Schnappschüsse wichtig.

Eine sichere Kamerahaltung für Querformataufnahmen sieht folgendermaßen aus: In entspannter Körperhaltung (Füße etwa schulterbreit auseinander) preßt man die Kamera an die Nase (die leicht seitlich nach links zeigt) und an die rechte Augenbraue. Der rechte Daumen ruht in der Mulde zwischen Suchereinblick (Augenmuschel) und der Selektiv-Taste. Der rechte Zeigefinger bedient den Auslöser und das Einstellrad, sowie gegebenfalls die Taste für die Wahl der AF-Sensoren. Mit dem rechten Daumen können die Tasten für die Selektivmessung mit Belichtungsspeicherung und für die manuelle Belichtungskorrektur bedient werden. Die linke Hand stützt mit der Oberseite des kleinen Fingers und des Ringfingers das Gehäuse von unten (beide angewinkelt). Der linke Mittelfinger ruht am Objektivansatz, während Daumen und Zeigefinger den Zoomring des Objektivs bedienen. Beide Ellenbogen werden an den Rippen, oder falls vorhanden, an den Bierbauch abgestützt. Aus dieser Kamerahaltung heraus sind somit sämtliche Bedienungselemente zu erreichen, ohne die EOS 500N vom Auge zu nehmen - vorausgesetzt, das gewünschte

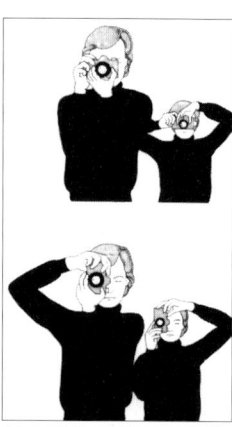

Eine sichere Kamerahaltung ist unerläßlich für scharfe Aufnahmen. Die korrekte (groß) und die falsche (klein) Kamerahaltung für Quer- und Hochformataufnahmen sind in der grafischen Darstellung problemlos zu erkennen

Programm wurde bereits vorher eingestellt. In dieser Haltung muß der Fotograf oder die Fotografin dan nur noch den Atem nach dem Ausatmen anhalten und den Auslöser, nach erfolgter Fokussierung, sanft durchdrücken.

Bei Aufnahmen im Hochformat ist es möglich, die Kamera aus der soeben beschriebenen Haltung einfach so zu drehen, daß der rechte Ellenbogen hochgehißt wird. Die schmale Gehäuseseite mit der Rückwandentriegelung sollte auf dem linken Daumenballen ruhen und der linke Ellenbogen an den Oberkörper gepresst sein. Die Bedienungselemente können wie in Querforamthaltung erreicht werden. Durch den hochgehißten rechten Ellenbogen bietet diese Kamerahaltung zwar nicht den Verwacklungsschutz der Querformathaltung. Von langen Brennweiten abgesehen, ist sie jedoch ohne Bedenken anzuwenden. Der ausgeprägte Handgriff und der darauf positionierte Auslöser verhindern leider eine geeignetere Hochformathaltung, bei der beispeilsweise beide Ellenbogen an den Oberkörper abgestütz werden könnten. Ansonsten gilt auch bei Hochformataufnahmen die gleiche Fußstellung, Atem- und Auslösetechnik. Die Kamerahaltung und die Bedienung der wichtigsten Funktionen (ohne die Kamera vom Auge nehmen zu müssen) sollten der Fotograf oder die Fotografin sowohl in Quer- als auch in Hochformathaltung traumwandlerisch beherrschen. Das erhöht die Ausbeute an scharfen Fotos.

Bei langen Brennweiten und langen Verschlußzeiten ist die Verwacklungsgefahr am größten. Mit dieser Kamerahaltung können Sie sie verringern

Trockenübungen

Ebenso wie die Kamerahaltung, wird auch die Bedeutung der Trockenübungen oft vernachlässigt. Dabei können Trockenübungen vor allem bei Anfängern entscheidend dazu beitragen, den Filmverschleiß zu reduzieren - vorausgesetzt, sie werden vor dem eigentlichen Fotografieren (mit Film) absolviert. Nachdem der Fotograf oder die Fotografin sich mit der neuen Canon EOS 500N etwas vertraut gemacht hat, sollten die Trockenübungen beginnen. Fürs erste sollte man sich die Grundfunktionen der EOS 500N aneignen. Hier einige Beispiele dafür: Zunächst arbeiten wir in der »grünen« Vollautomatik. Das Programmwahlrad wird aus der roten »L«-Position so gedreht, daß das grüne Rechteck der Indexmarke gegenübersteht. Beim Antippen des Auslösers erscheinen im Sucherrahmen die aufnahmerelevanten Daten, wie Blende und Verschlußzeit sowie gegebenenfalls die Blitzbereitschaft (nach dem automatischen Herausklappen der Blitzes). Die Kamera aktiviert automatisch den AF-Sensor, der ein Motivdetail erfaßt, das der Kamera am nächsten ist. In der Sucherleiste wird der aktivierte AF-Sensor angezeigt. Ein Piepton (falls eingeschaltet) und das Aufleuchten des grünen Punktes rechts unten in der Sucherleiste signalisieren die erfolgte Scharfeinstellung und die Aufnahmebereitschaft. Jetzt können Sie den Auslöser ganz durchdrücken. Eine weitere Übung könnte der Programmautomatik mit Wahl des AF-Sensors gelten. Das Pro-

Oft vernachlässigt, in der Praxis aber enorm wichtig: Die Trockenübungen in der Anfangsphase helfen nicht nur den Filmverschleiß zu reduzieren, sondern legen sozusagen auch den Grundstein für die sichere und unproblematische Handhabung der Kamera im Fotoalltag

grammwahlrad wird in die P-Posion gedreht. Der gewünschte AF-Sensor wird nach Antippen der entsprechenden Taste (links oben neben dem Monitor) mit dem Einstellrad eingestellt. Wir empfehlen den zentralen Kreuzsensor auf dem Datenmonitor zu wählen (wird auch im Sucher angezeigt). Nun versuchen Sie zu fokussieren, indem Sie das zentrale AF-Meßfeld auf das Hauptmotiv richten und den Auslöser antippen. Das Aufleuchten des grünen Punktes rechts unten in der Sucherleiste signalisiert die erfolgte Scharfeinstellung und die Aufnahmebereitschaft, so daß Sie jetzt den Auslöser ganz durchdrücken können. In der Programmautomatik kann auch durch Drehen des Einstellrades die Zeit-Blenden-Kombination bei gleichbleibendem Lichtwert verändert werden (sogenanntes Shiften). Ähnliche Übungen können Sie nun im Motivprogrammen durchführen. Dabei sollten Sie nach Möglichkeit entsprechende Motive auswählen. Anschließend könnten Sie die Blenden-, Zeit- oder Schärfentiefenautomatik ausprobieren. Beim Antippen der Belichtungsspeicher-Taste an der Gehäuserückseite wird der Lichtwert gespeichert, wobei links in der Sucherleiste das entsprechende Symbol (*) erscheint. Eine sehr wichtige Einstellung ist auch die manuelle Belichtungkorrektur, die nach dem antippen des Auslösers bei gedrückter Korrekturtaste (Av +/-) mit dem Einstellrad eingestellt werden kann. Der gewünschte Korrekturwert kann in halben Stufen eingegeben werden und wird sowohl im Sucher, als auch auf dem externen Datenmonitor angezeigt. Belichtungskorrektur uns Selektivmessung können nicht aktiviert werden in der »grünen« Vollautomatik und den fünf Motivprogrammen. Und vergessen Sie nicht, immer wieder durch den Sucher zu schauen, zu fokussieren und auszulösen. Wer Zeit und Muße hat, kann auch weitere Funktionen ausprobieren, wie zum Beispiel Belichtungsreihenautomatik oder Schärfentiefenautomatik aktivieren, Selbstauslöser ein- und ausschalten, Filmempfindlichkeit manuell eingeben, Piepton ein- und ausschalten, Mehrfachbelichtungen einprogrammieren und so weiter.

Wichtig sind jedoch noch drei Übungen: In der Blendenautomatik (Tv) wird die Verschlußzeit mit dem Einstellrad in halben Stufen vorgewählt. Beim Antippen des Auslösers wird die von der Kamera gesteuerte Blende angezeigt. Fall der angezeigte Blendenwert blinkt, muß die Zeiteinstellung so korrigiert werden, daß die Blendenanzeige konstant leuchtet (ansonsten muß man mit Fehlbelichtungen rechnen). In der Zeitautomatik (Av) wird die Blende ebenfalls mit dem Einstellrad in halben Stufen vorgewählt. Die Kamera steuert die entsprechende Verschlußzeit. Aufgrund des großen Verschlußzeitenbereichs von 1/2000 s bis 30 s ist normalerweise nicht mit Fehlbelichtungen (Warnung durch Blinken der Verschlußzeit) zu rechnen. Allerdings kann die Verwacklungsgefahr durch zu lange Verschlußzeiten erhöht werden. In der Blenden- und Zeitautomatik können beispielsweise Blitz- und Korrekturfunktionen aktiviert werden. Bei manueller Belichtungseinstellung (M) muß der Belichtungsabgleich durch Veränderung der Blende beziehungsweise der Verschlußzeit erfolgen (sogenannte Nachführmessung). Die Belichtungskorrekturskala dient in dieser Funktion dem Belichtungsabgleich, der dann erfolgt ist, wenn der

Zu den Trockenübungen gehört auch die genaue Ausrichtung der Kamera, die mit zunehmendem Bildwinkel schwieriger wird. Vor allem mit extremen Weitwinkelobjektiven ist die Gefahr zu verkanten groß

Rechte Seite: Solche Aufnahmen gelingen nicht ohne Trokkenübungen. Denn man muß die Kamera beherrschen und die Lichtsituation korrekt einschätzen

16

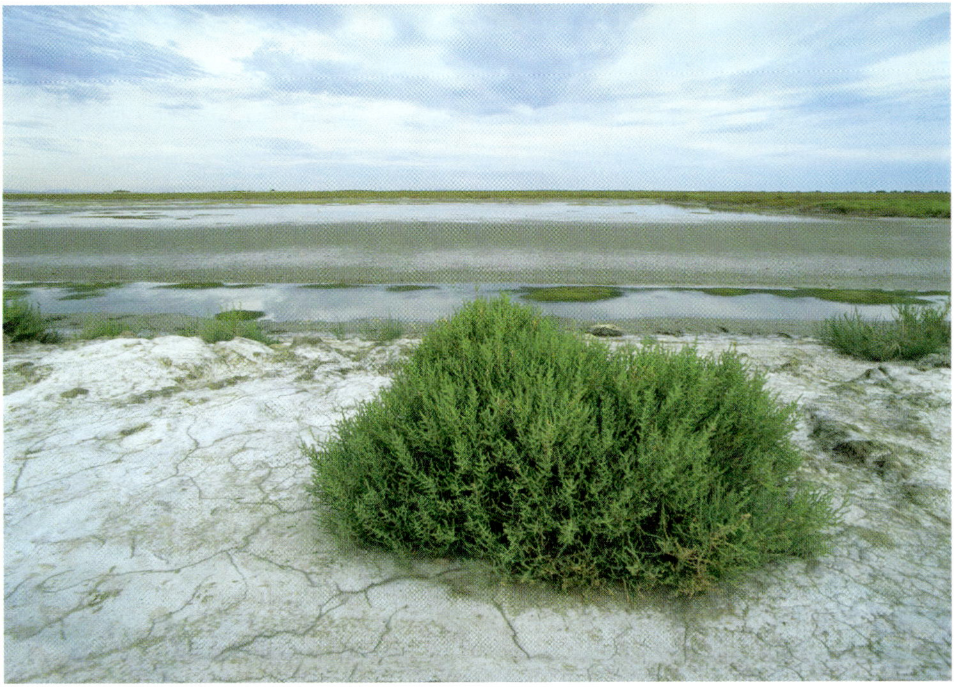

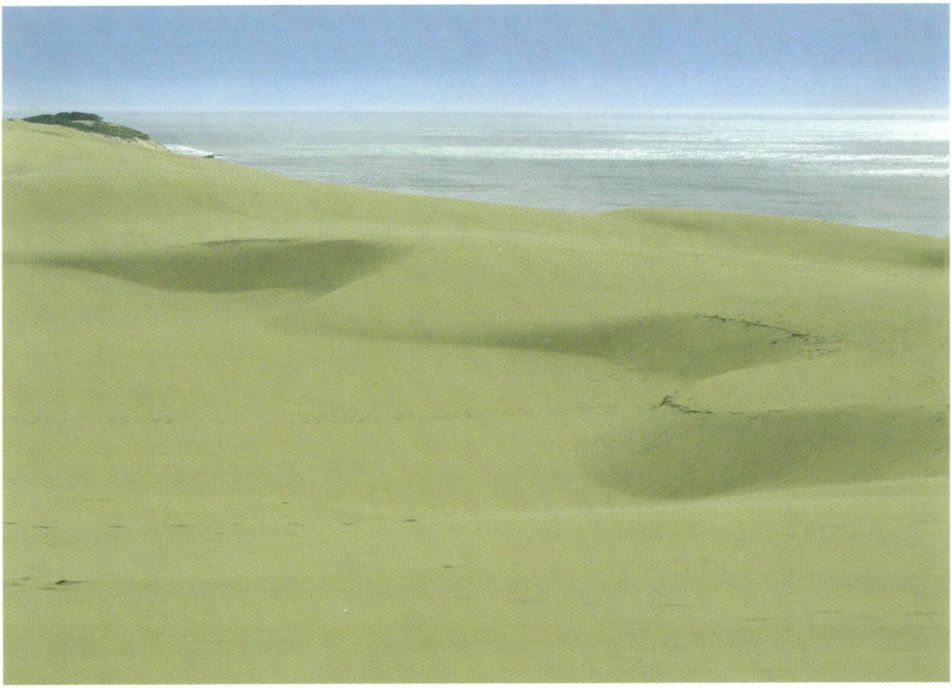

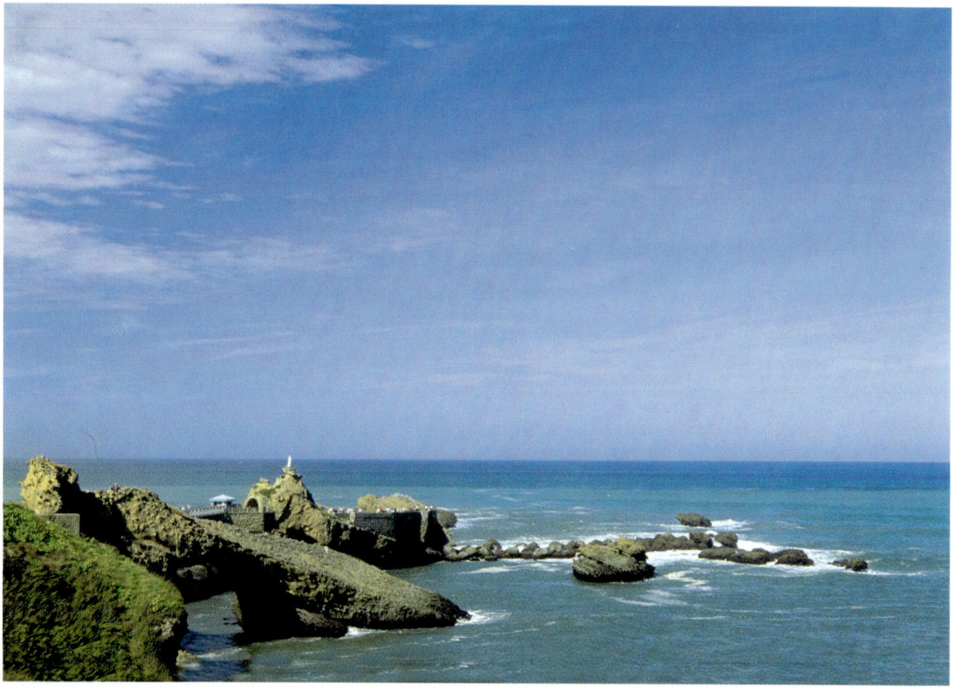

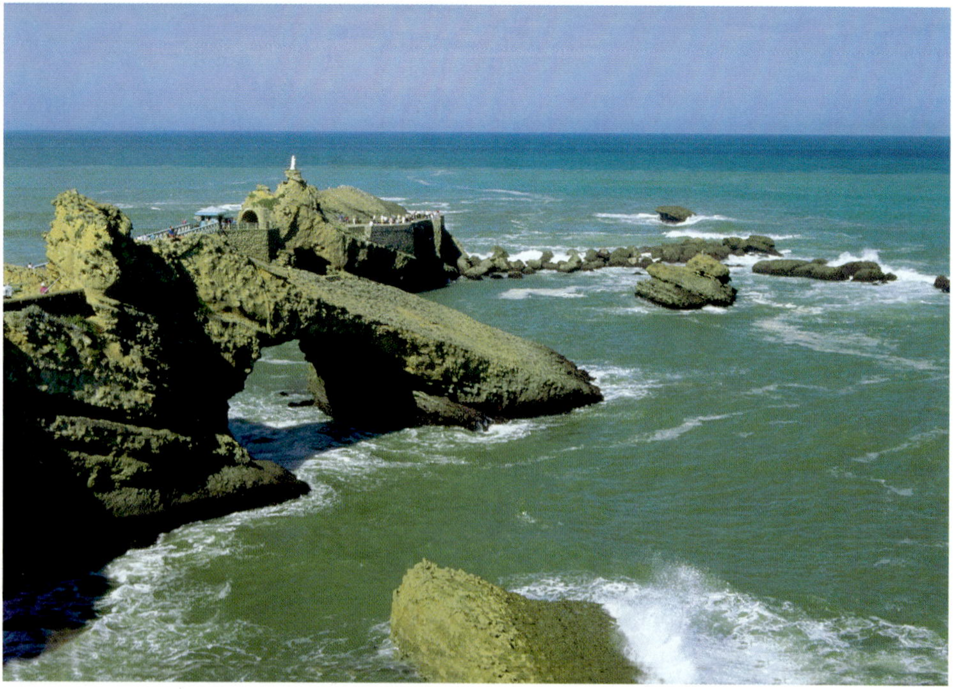

Linke Seite: Auch die Suche nach dem optimalen Bildausschnitt und die Bildgestaltung zählen zu den Trockenübungen

Unten: Die Filmpatrone wird in den leeren Patronenraum von oben nach unten eingelegt und der Filmanfang bis zur roten Markierung auf der gegenüberliegenden Seite herausgezogen. Die Filmkante muß der Filmführung folgen und der herausgezogen Film sollte flach liegen.

»bewegliche« Index der Null-Markierung in der Datenzeile gegenübersteht. In dieser Funktion wird die Verschlußzeit mit dem Einstellrad und die Blende ebenfalls mit dem Einstellrad, aber bei gedrückter Av-Taste eingestellt.

Film einlegen und herausnehmen

Das Filmeinlegen ist an sich eine einfache Sache, aber auch hier werden oft Fehler gemacht. Fotohändler können ein Lied davon singen. Wenn man aber einige Aspekte beachtet, dürfete es keine Probleme geben. Die Kamerarückwand wird durch Schieben der Entriegelungstaste in Pfeilrichtung (nach oben) geöffnet. Die Rückwand springt automatisch auf und muß anschließend ganz geöffnet werden. Die Filmpatrone wird in den leeren Patronenraum eingelegt und der Filmanfang wird bis zur orangefarbenen Markierung auf der gegenüberliegenden Seite herausgezogen. Die Filmkanten sollten parallel zur Filmführung verlaufen. Der herausgezogene Film muß flach aufliegen und das Patronenmaul darf nicht schräg nach oben oder nach unten zeigen (gegebenenfalls leicht auf die Patrone drücken). Falls zu viel Film herausgezogen wurde, sollte der Fotograf die Patrone wieder herausnehmen und den Film per Hand durch Drehen der Spule etwas zurückziehen. Danach wird der oben beschriebene Vorgang wiederholt. Die Rückwand läßt sich durch Zudrücken schließen, und die Arretierung ra-

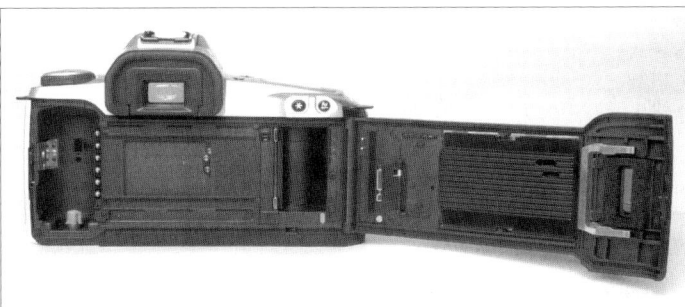

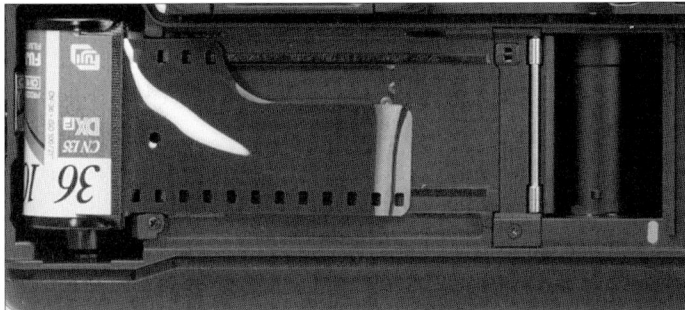

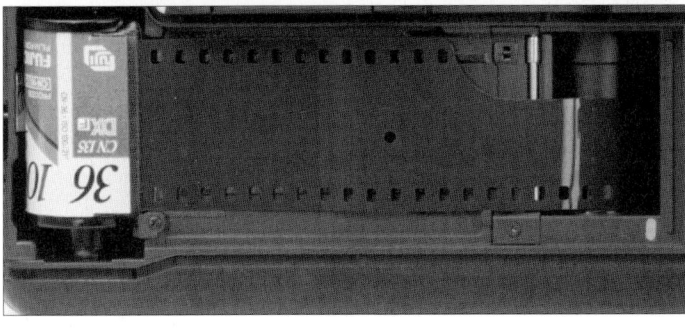

stet automatisch ein. Bei geschlossener Rückwand und eingeschalteter Kamera wird nun automatisch der Film ganz aus der Patrone herausgespult. Der Bildzähler auf dem Datenmonitor zählt vorwärts mit. Anstelle der Verschlußzeit, wird auf dem Datenmonitor die von der Kamera eingelesene Filmempfindlichkeit angezeigt (mit dem Hinweis »ISO«). Am Filmende stoppt der Motor automatisch und es erfolgt eine Auslösung. Auf dem Datenmonitor ist das Patronensymbol und die Anzahl der verbleibenden Aufnahmen zu sehen. Wenn aber nur das Patronensymbol alleine (der Bildzählerrahmen bleibt leer) auf dem Datenmonitor erscheint und blinkt, dann ist der Film nicht korrekt eingelegt. Nomalerweise wurde dabei der Film nicht vorgespult, so daß die Kamerarückwand wieder geöffnet und der Film neu eingelegt werden kann. Ein Teil der Filmpatrone ist im kleinen Sichtfenster auf der Gehäuserückseite zu sehen. Der Filmtyp ist also jederzeit abzulesen. Der korrekt eingelegte Film wird nach jeder Belichtung automatisch weitergespult, und auf dem Datenmonitor ist die Zahl der noch verbleibenden Aufnahmen zu sehen. Die belichteten Aufnahmen werden nach jedem Auslösen in die Patrone zurückgespult. Dadurch sind sie bei einem versehentlichen Öffnen der Rückwand vor Lichteinfall geschützt. Bei eingelegtem Film ist das Patronensymbol und die Zahl der verbleibenden Aufnahmen auch bei ausgeschalteter Kamera auf dem Datemonitor sichtbar. Nachdem auch die letzte Aufnahme belichtet wurde, wird der Filmanfang automatisch und vollständig in die Patrone zurückgespult. Auf dem Datenmonitor erscheint nur noch das blinkende Patronensymbol (Bildzählerrahmen bleibt leer). Die Kamerarückwand kann nun geöffnet und der belichtete Film herausgenommen werden. Die vollständig zurückgespulten Filme können einwandfrei von den nicht belichteten Filmen unterschieden werden, so daß eine Verwechslung von belichtetnen mit nicht belichteten Filmen ausgeschlossen ist.

Bei der Canon EOS 500N kann der Film aber auch vor seinem Ende zurückgespult werden. Das kann unter Zeitdruck erforderlich sein, wenn ein anderer Filmtyp eingelegt, oder wenn der nicht vollständig belichtete Film entwickelt werden muß. Für den manuellen Rückspulstart muß das Programmwahlrad in die entsprechende Position gedreht werden (Filmpiktogramm, nach der ISO-Position). Der eigentliche Rückspulstart erfolgt dann beim Antippen der Selbstaulösertaste (die ebenfalls mit dem Filmpiktogramm markiert ist).

Der Filmwechsel sollte im Schatten (auch Körperschatten) erfolgen, weil bei direkter Sonneneinstrahlung Licht durch das Filmpatronenmaul einfallen kann. Außerdem sollte man beim Filmwechsel die Verschlußlamellen, die dem Bildfenster unmittelbar vorgelagert sind, auf keinen Fall berühren. Eine Beschädigung der Verschußlamellen kann teuere Reparaturkosten zur Folge haben. Die belichteten Filme sollten baldmöglichst entwickelt werden. Falls das auf einer Urlaubsreise nicht möglich ist, sollte man zumindest versuchen, sie kühl zu lagern.

Denn bei zu hoher Temperatur und Luftfeuchtigkeit, können sich bestimmte Eigenschaften der Filme, wie Farbengleichgewicht,

Welchen Film für welchen Zweck:
Niedrig empfindliche Filme (ISO 25/15° – 50/18°) sind extrem feinkörnig und sehr scharf. Niedigrig empfindliche Filme zeichnen sich durch eine gute Vergrößerungsfähigkeit aus. Farbfilme niedriger Empfindlichkeit haben eine sehr hohe Farbsättigung und Farbbrillanz. Niedrig empfindliche Filme sind hervorragend geeignet für Landschafts-, Studio- und Architekturfotografie.

Mittelempfindliche Filme (ISO 100/21° – 200/24°) sind gute Allroundfilme. Sie sind immer noch sehr feinkörnig und scharf bei guter Farbsättigung und Brillanz. Filme mittlerer Empfindlichkeit sind gut geeignet für Reise- oder Porträtfotografie, aber auch für Schnappschuß-, Architektur-, Landschaftsfotografie.

Hochempfindliche Filme (ab ISO 400/27°) haben eine geringere Schärfe, Farbsättigung und Brillanz als Filme mit niedringer Empfindlichkeit. Sie sind grobkörnig und lassen nur begrenzte Vergrößerungsmaßstäbe zu. Die Stärke dieser Filme ist die Available-Light-Fotografie, sie können aber auch in der Reportage-, Sport- und Actionfotografie eingesetzt werden.

ungünstig verändern. Natürlich sollten auch die Kamera mit geladenem Film nicht der prallen Sonne oder zu hohen Temperaturen ausgesetzt werden. Ein Farbstich wäre in diesem Fall noch das Geringste. Röntgenkontrollen am Flughafen schaden den Filmen unter ISO 800/30° nicht. Vorausgesetzt, es handelt sich um ein modernes Röntgengerät. Damit sind die meisten westlichen Flughäfen ausgestattet.

Einstellung der Filmempfindlichkeit

Schematische Darstellung der DX-Kodierung. Die heutigen Filme sind mit einer DX-Kodierung versehen, so daß die EOS 500N die Filmempfindlichkeit ablesen und automatisch einstellen kann

Normalerweise muß sich der Fotograf oder die Fotografin nicht um die Einstellung der Filmempfindlichkeit kümmern. Die EOS 500N erledigt das automatisch. Und das ist auch gut so, denn es verhindert die versehentliche Belichtung eines Filmes mit einer anderen Empfindlichkeit, als die angegebene. So gut wie alle Kleinbildfilme sind heutzutage DX-kodiert. Die DX-Kodierung wird durch die Buchstaben »DX« sowohl auf der Filmschachtel als auch auf der Patrone gekennzeichnet. Bei DX-kodierten Filmen wird die Empfindlichkeit in Drittelwerten im Bereich von ISO 25/15° bis ISO 5000/38° automatisch eingestellt. Wenn eine andere Filmempfindlichkeit als die angegebene gewünscht oder kein DX-kodierter Film verwendet wird, muß die Filmempfindlichkeit manuell eingestellt werden. Das Programmwahlrad wird in die ISO-Position gedreht. Auf dem Datenmonitor erscheint »ISO« und die gerade eingestellte Empfindlichkeit. Durch Drehen des Einstellrades kann nun die gewünschte Empfindlichkeit, auf dem Datenmonitor sichtbar, in Drittelstufen im Bereich von ISO 6/9°-6400/39° eingegeben werden. Die Eingabe wird durch Drehen des Programmwahlrades in eine andere Position gespeichert. Die manuell eingegebene Empfindlichkeit bleibt solange aktiv, bis sie manuell verändert oder bis ein neuer DX-kodierter Film eingelegt wird. Im Normalfall sollte der Fotograf oder die Fotografin die Einstellung der Filmempfindlichkeit der DX-Automatik der Canon EOS 500N überlassen.

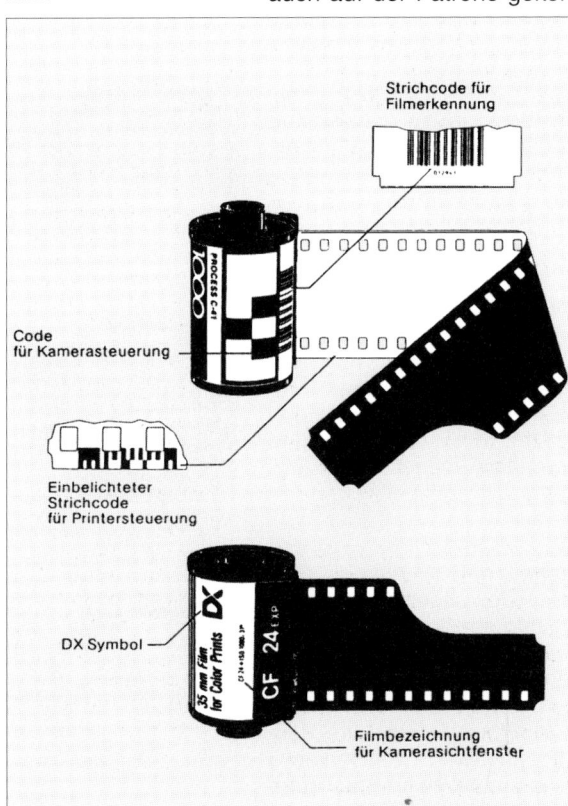

Strichcode für
Filmerkennung

Code
für Kamerasteuerung

Einbelichteter
Strichcode
für Printersteuerung

DX Symbol

Filmbezeichnung
für Kamerasichtfenster

Kurzanleitung für eilige Fotografen

Natürlich gibt es gegen den Wunsch, mit der neu erworbenen Canon EOS 500N zu fotografieren, bevor Sie das ganze Buch gelesen haben, nichts einzuwenden. Diese Kurzanleitung sollten Sie vor den ersten Aufnahmen aber dennoch lesen, um eine Fehlbedienung der Kamera und den damit verbundenen Frust und Ärger zu vermeiden. Unscharfe oder falsch belichtete Aufnahmen, oder womöglich eine in der Funktion beeinträchtigte Kamera, sind nicht gerade ein gutes Omen für den gemeinsamen Weg mit Ihrer neuen EOS 500N. Die wichtigsten Funktionen der Kamera und den richtigen Umgang damit werden wir nachfolgend stichwortartig erklären. Anspruchsvolles Fotografieren setzt jedoch eine intensive Beschäftigung mit den Grundlagen der Fotografie, sowie die perfekte Kenntnis der Kamerafunktionen und der Objektive voraus. Das wird in den weiteren Kapiteln ausführlich dargestellt. Diese Kurzanleitung kann freilich auf Dauer die gründliche Lektüre des vorliegenden Buches nicht ersetzten. Sie eignet sich aber jederzeit als »Nachschlagwerk« für später auftretende Fragen.

Die Kurzanleitung hat eine doppelte Funktion: Sie ist einerseits für ungeduldige Fotografen, andererseits als "Nachschlagwerk" für Fortgeschrittene gedacht

Einschalten der Kamera
Programmwahlrad aus der L-Position (Lock) in die gewünschte Programmposition drehen

Ausschalten der Kamera
Programmwahlrad in die rot markierte L-Position drehen

Hauptschalter

»Grüne« Vollautomatik
Einschalten: Programmwahlrad so drehen, daß die mit dem grünen Rechteck markierte Position dem Index gegenübersteht
Einstellungen: keine erforderlich - keine möglich
Löschen: Programmwahlrad in eine andere Position drehen
Kurzbeschreibung: Das einfachste Programm, für SLR-Einsteiger, Fotoanfänger und Technikmuffel gedacht: Motiv anvisieren und den Auslöser durchdrücken. Standardmotive können damit problemlos belichtet werden

»Grüne« Vollautomatik

Motivprogramm: Porträt
Einschalten: Programmwahlrad so drehen, daß die mit dem Porträtpiktogramm markierte Position dem Index gegenübersteht
Einstellungen: keine erforderlich; Funktion zur Verringerung des »Rote-Augen-Effekts« kann eingeschaltet werden
Löschen: Programmwahlrad in eine andere Position drehen
Kurzbeschreibung: steuert automatisch große Blendenöffnungen für geringe Schärfentiefe, um die porträtierte Person vor dem Hintergrund plastisch zu trennen; für Brennweiten zwischen etwa 70 und 135 mm ausgelegt; Kamerablitz zündet bei Bedarf automatisch; gut geeignet für unbeschwerte Porträtaufnahmen

Motivprogramm: Porträt

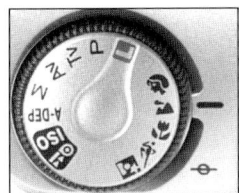

Motivprogramm: Landschaft

Motivprogramm: Landschaft
Einschalten: Programmwahlrad so drehen, daß die mit dem Berg-piktogramm markierte Position dem Index gegenübersteht
Einstellungen: keine erforderlich
Löschen: Programmwahlrad in eine andere Position drehen
Kurzbeschreibung: steuert kleine Blendenöffnungen für große Schärfentiefe; für Weitwinkelobjektive ausgelegt; keine Blitzzu-schaltung möglich; gut geeignet für unbeschwerte Landschafts- und Städteaufnahmen

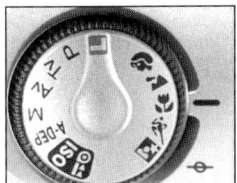

Motivprogramm: Nahauf-nahmen

Motivprogramm: Nahaufnahmen
Einschalten: Programmwahlrad so drehen, daß die mit dem Blu-menpiktogramm markierte Position dem Index gegenübersteht
Einstellungen: keine erforderlich
Löschen: Programmwahlrad in eine andere Position drehen
Kurzbeschreibung: auf die speziellen Gegebenheiten der Makro-fotografie ausgelegt - vor allem mit der Makroeinstellung der Zoomobjektive; Kamerablitz zündet bei Bedarf automatisch; gut geeignet für unbeschwerte Nahaufnahmen

Motivprogramm: Sport/Action

Motivprogramm: Sport/Action
Einschalten: Programmwahlrad so drehen, daß die mit dem Läu-ferpiktogramm markierte Position dem Index gegenübersteht
Einstellungen: keine erforderlich
Löschen: Programmwahlrad in eine andere Position drehen
Kurzbeschreibung: steuert kurze Verschlußzeiten, um Bewe-gungsabläufe »einzufrieren«, das heißt scharf abzubilden; keine Blitzzuschaltung möglich; gut geeignet für unbeschwerte Sport- und Actionaufnahmen, aber auch um spielende Kinder aufzuneh-men

Motivprogramm: Nacht-porträt

Motivprogramm: Nachtporträt
Einschalten: Programmwahlrad so drehen, daß die mit dem schwarzumrandeten Piktogramm markierte Position dem Index gegenübersteht
Einstellungen: keine erforderlich
Löschen: Programmwahlrad in eine andere Position drehen
Kurzbeschreibung: eine Art Langzeitsynchronisation, für Perso-nenaufnahmen vor einer beleuchteten Stadtkulisse, oder vor ei-nem Sonnenuntergang gedacht; das automatisch zugeschaltete Blitzgerät wird in Verbindung mit einer längeren Verschlußzeit so gesteuert, daß eine ausgewogene Belichtung sowohl des Vorder- als auch des Hintergrundes entsteht

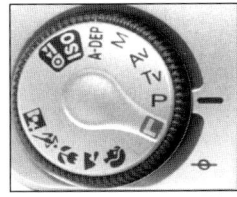

Programmautomatik (P)

Programmautomatik (P)
Einschalten: Programmwahlrad so drehen, daß die mit dem P-Symbol markierte Position dem Index gegenübersteht
Einstellungen: keine erforderlich - alle möglich; Programmshift (Veränderung der Zeit-Blenden-Kombination bei gleichbleiben-dem Lichtwert) durch Drehen des Einstellrades möglich
Löschen: Programmwahlrad in eine andere Position drehen
Kurzbeschreibung: ideal für Schappschüsse und unbeschwertes

Fotografieren; manuelle Belichtungskorrektur, Selektivmessung und freie Wahl AF-Sensoren möglich

Blendenautomatik (Tv)

Einschalten: Programmwahlrad so drehen, daß die mit dem Tv-Symbol markierte Position dem Index gegenübersteht

Einstellungen: die Verschlußzeit wird mit dem Einstellrad in halben Stufen vorgewählt, die Kamera steuert automatisch die passende Blende

Löschen: Programmwahlrad in eine andere Position drehen

Kurzbeschreibung: ideal, um einen Bewegungsablauf »einzufrieren«, oder verwischt darzustellen; problemlose Wahl einer Kurzen Verschlußzeit für verwacklungsfreie Teleaufnahmen; manuelle Belichtungskorrektur, Selektivmessung und freie Wahl der AF-Sensoren möglich

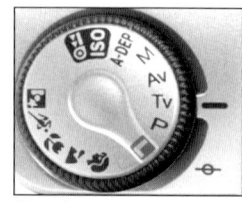

Blendenautomatik (Tv)

Zeitautomatik (Av)

Einschalten: Programmwahlrad so drehen, daß die mit dem Av-Symbol markierte Position dem Index gegenübersteht

Einstellungen: die Blende wird mit dem Einstellrad in halben Stufen vorgewählt, die Kamera steuert automatisch die passende Verschlußzeit

Löschen: Programmwahlrad in eine andere Position drehen

Kurzbeschreibung: ideal für die gezielte Dosierung der Schärfentiefe (z.B. minimale oder maximale Ausdehnung des Schärfenraumes), oder für eine bestimmte, konstante Abbildungsleistung des Objektivs (wenn ein Objektiv z.B. bei Blende 8 die beste optische Leistung hat); manuelle Belichtungskorrektur, Selektivmessung und freie Wahl der AF-Sensoren möglich

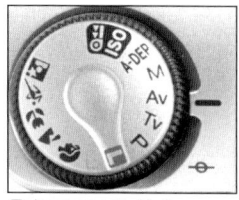

Zeitautomatik (Av)

Manuelle Belichtungseinstellung (M)

Einschalten: Programmwahlrad so drehen, daß die mit dem M-Symbol grünen Rechteck markierte Position dem Index gegenübersteht

Einstellungen: manueller Belichtungsabgleich, die Verschlußzeit wird mit dem Einstellrad, die Blende ebenfalls mit dem Einstellrad, aber bei gedrückter Av-Taste eingestellt

Löschen: Programmwahlrad in eine andere Position drehen

Kurzbeschreibung: ideal für die bewußte Lösung von schwierigen Aufnahmesituationen (z.B. starkes Gegenlicht, Nachtaufnahmen), oder für gezielt abweichende Belichtungen (gezielte Über- oder Unterbelichtung, Lowkey- oder Highkey-Aufnahmen); Selektivmessung und freie Wahl der AF-Sensoren möglich

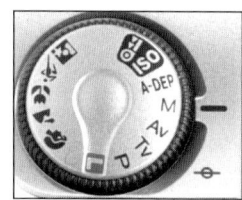

Manuelle Belichtungseinstellung (M)

Schärfentiefenautomatik (A-DEP)

Einschalten: Programmwahlrad so drehen, daß die mit dem A-DEP-Symbol markierte Position dem Index gegenübersteht

Einstellungen: keine erforderlich - funktioniert aber nur bei AF-Betrieb

Löschen: Programmwahlrad in eine andere Position drehen

Kurzbeschreibung: die Blende wird automatisch so gesteuert, daß alles, was sich innerhalb der drei AF-Sensoren befindet, scharf

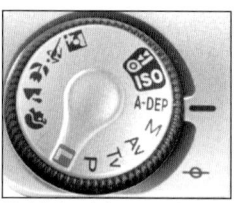

Schärfentiefenautomatik (A-DEP)

abgebildet wird; ideal für Gruppenaufnahmen oder die gezielte Dosierung der Schärfentiefe zwischen den Meßpunkten; manuelle Belichtungskorrektur und Selektivmessung möglich

Mehrfeldmessung
Einschalten: ist als Grundeinstellung der Kamera immer eingeschaltet; Aktivierung bei eingeschalteter Kamera durch Druckpunkt am Auslöser
Einstellungen: manuelle Belichtungskorrektur möglich
Löschen: nicht möglich - in P, Tv, Av, M und A-DEP kann aber die Selektivmessung durch Druck auf die Selektivtaste (*) kurzfristig aktiviert werden
Kurzbeschreibung: an die drei AF-Sensoren gekoppelte 6-Segment-Mehrfeldmessung, ideal für die meisten Motive und unbeschwertes Fotografieren; kann aber die Stimmung einer Aufnahme zerstören und in extremen Lichtsituationen (z.B. starkes Gegenlicht, sehr großer Motivkontrast) versagen

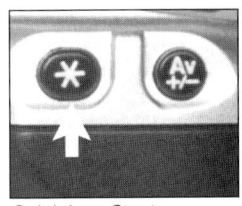

Selektivmeßtaste

Selektivmessung
Einschalten: durch Druck auf die Selektivtaste (*); nur P, Tv, Av, M und A-DEP möglich
Einstellungen: manuelle Belichtungskorrektur möglich, aber wenig sinnvoll
Löschen: wird nach der Aufnahme oder nach 4 Sekunden automatisch gelöscht
Kurzbeschreibung: das Meßfeld ist weitgehend identisch mit dem zentralen Kreis im Sucher, entspricht etwa 9,5% des Sucherbildes; ideal für das gezielte Anmessen von kritischen Motiven mit hohen Kontrasten, Gegenlichtsituationen

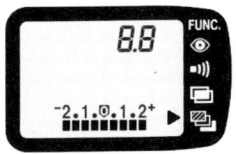

Manuelle Belichtungkorrektur

Manuelle Belichtungkorrektur
Einschalten: bei gedrückter Av-Taste (Av +/-) wird der gewünschte Korrekturwert mit dem Einstellrad eingestellt; nur P, Tv, Av, M und A-DEP möglich
Einstellungen: der Korrekturwert wird im Bereich von ± 2 EV in halben Stufen eingegeben und im Sucher und auf dem Monitor angezeigt
Löschen: den Korrekturwert auf Null stellen, oder das Programmwahlrad in eine Position des Motivbereichs/Vollautomatik drehen
Kurzbeschreibung: in den Motivprogrammen und der Vollautomatik ist keine Belichtungskorrektur möglich; gut geeignet, um kritische Motive in den Griff zu bekommen (z.B. starkes Gegenlicht, sehr großer Motivkontrast, Hauptobjekt außerhalb der Bildmitte)

Belichtungsreihenautomatik

Belichtungsreihenautomatik
Einschalten: die Funktionstaste (FUNC.) antippen, dann mit dem Einstellrad die Abstände der flankierenden Belichtungen eingeben; nur P, Tv, Av, M und A-DEP möglich
Einstellungen: die Abstände der flankierenden Belichtungen können im Bereich von ± 2 EF in halben Stufen eingegeben werden; mit der manuellen Belichtungskorrektur kombinierbar
Löschen: nach Antippen der Funktionstaste mit dem Einstellrad

den Wert 0.0 eingeben, oder das Programmwahlrad in eine Position des Motivbereichs/Vollautomatik drehen
Kurzbeschreibung: erhöht die Belichtungssicherheit bei schwierigen Lichtverhältnissen; erlaubt eine genaue Abstimmung der allgemeinen Helligkeit der Dias für die anspruchsvolle Projektion

Wahl der AF-Sensoren

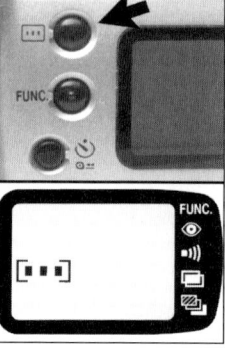

Einschalten: nach Antippen der AF-Sensoren-Taste, die gewünschte Einstellung mit dem Einstellrad eingeben; nur P, Tv, Av (oder in M als elektronische Fokussierhilfe) möglich
Einstellungen: automatische Wahl der AF-Sensoren; manuelle Wahl eines einzelnen AF-Sensors
Löschen: durch Einstellung einer anderen Art der AF-Sensoren-Wahl, oder das Programmwahlrad in eine Position des Motivbereichs/Vollautomatik drehen
Kurzbeschreibung: durch die freie Wahl der AF-Sensoren kann man auf jede Motivsituation entsprechend reagieren, wie zum *Beispiel:* automatische Wahl bei Schnappschüssen - oder, bei schwierigen Strukturen, Wahl des zentralen Kreuzsensors, der sowohl auf vertikale als auch auf horizontale Strukturen fokussieren kann

Wahl der AF-Sensoren

Eingebautes Blitzgerät

Einschalten: in P, Tv, Av, M und A-DEP durch Druck auf die Blitztaste; in dem Motivprogrammen für Porträt-, Nah- und Nachtaufnahmen automatisch
Einstellungen: Funktion zu Verringerung des »Rote-Augen-Effektes« kann zusätzlich eingeschaltet werden
Löschen: durch Hereindrücken des aufgeklappten Blitzgerätes
Kurzbeschreibung: ideal für Blitzaufhellung bei starken Motivkontrasten oder Gegenlicht, für Porträt- oder Detailaufnahmen; durch die ausgeklügelte Blitzbelichtungsmessung und -steuerung der EOS 500N ist das Fotografieren mit Blitzlicht genauso einfach, wie das Fotografieren bei Dauerlicht

Eingebautes Blitzgerät, Blitzfunktionstaste

Technische Daten

Typ: Autofokus-Spiegelreflexkamera für Kleinbildfilm (35 mm)
Objektivanschluß: Canon EF-Bajonett
Sucher: Pentaprisma mit 0,7-facher Vergrößerung bei 50 mm Objektiv auf unendlich, zeigt horizontal und vertikal 90% des Filmfensters
Einstellscheibe: neue Laser-Vollmattscheibe mit AF-Rahmen und Selektivmarkierung, feststehend
Verschluß: vertikal ablaufender Schlitzverschluß, elektronisch gesteuert, elektromagnetisch ausgelöst
Verschlußzeiten: 1/2000 s - 30 s, in halben Stufen einstellbar, und B; kürzeste Blitzsynchronzeit 1/90 s (Kurzzeit-Synchronisati-

on bis 1/2000 s mit Aufsteckblitzgeräten 220EX und 380EX)

Autofokus: TTL-CT-SIR (Cross Type-Second Image Registration) phasenerfassender Typ mit zentralem Kreuzsensor, flankiert von zwei vertikalen AF-Sensoren (Multi-BASIS-Sensor)

Wahl des AF-Meßfeldes: automatisch oder manuell

AF-Betriebsarten: One-shot (statischer AF) und AI-AF (automatische Umschaltung von One-shot auf AI-Servo mit Schärfenachführung bei bewegten Objekten); manuelle Scharfeinstellung möglich

AF-Arbeitsbereich: EV 1,5-18 bei ISO 100/21°

AF-Hilfslicht: eingebaute Kryptonlampe, Reichweite etwa 5 Meter

Belichtungsmessung: TTL-Offenblendenmessung mit drei Meßmethoden:

* Mehrfeldmessung mit 6 Meßfelder, wobei die 3 zentralen Meßfelder an die 3 AF-Sensoren gekoppelt sind
* Selektivmessung mit 9,5% des Sucherfeldes per Tastendruck in P, Tv, Av, M und A-DEP
* Mittenbetonte Integralmessung in M

Belichtungsspeicherung: mit Selektivtaste ohne AF- oder Druckpunkt am Auslöser mit AF-Speicherung

Meßbereich: EV 2-20 mit Objektiv 1,4/50 mm bei ISO 100/21°

Manuelle Belichtungskorrektur: +-2 EV in halben Stufen

Belichtungsreihenautomatik: Abstand der flankierenden Belichtungen im Bereich von +-2 EV in halben Stufen einstellbar

Belichtungssteuerung:

* Programmautomatik (P) mit Programmverschiebung
* Blendenautomatik (Tv)
* Zeitautomatik (Av)
* Schärfentiefenautomatik (A-DEP)
* manuelle Belichtungseinstellung (M)
* Vollautomatik (grünes Rechteck)
* Motivprogramme: Porträt, Landschaft, Nahaufnahmen, Sport, Nachtszenen (mit Piktogrammen markiert)

Blitzfunktionen: TTL-Steuerung mit eingebautem Blitz; E-TTL-Steuerung mit Speedlite 220EX, 380EX; A-TTL-Steuerung mit Speedlite 300 EZ, 420 EZ, 430 EZ und 540EZ

Eingebauter Blitz: ausklappbar, Leitzahl 12, Leuchtwinkel entsprechend Brennweite ca. 28 mm, Blitzfolgezeit ca. 2 s

Reduzierung des »Rote-Augen-Effekts«: über eingebaute Kryptonlampe

Filmtransport: automatisch, Einzelbild- und Serienbildschaltung (max. 1 Bild pro Sekunde), programmgekoppelt; Film wird vorgespult und dann »rückwärts« transportiert

Mehrfachbelichtungen: bis max. 9

Einstellung der Filmempfindlichkeit: DX ISO 25/15°-5000/38° und manuell ISO 6/9°-6400/39°

Sonstiges: Selbstauslöser, Fernauslöseranschluß, Verwacklungsanzeige, Piepton abschaltbar

Batterie: 6 Volt durch zwei Lithium-Batterien CR123A oder DL 123A

Maße: 145,7 mm (B), 92 mm (H), 62 mm (T)

Gewicht: 365 g ohne Batterien, 397 g mit Batterien

Die Belichtungsprogramme in der Praxis

Sowohl Anfänger, als auch Fortgeschrittene finden in den elf Belichtungsprogrammen der Canon EOS 500N praxisgerechte Funktionen, mit denen sie jedes Motiv in den Griff bekommen können. Wenn wir die Belichtungsreihenautomatik und die Programmverschiebung dazuzählen, sind es sogar 13 Belichtungsprogramme. In der Grundeinstellung sind die Belichtungsprogramme mit einer bestimmten Belichtungsmeßmethode (Mehrfeldmessung, Integralmessung in »M«), Autofokus-Betriebsart und Filmtransportart fest kombiniert. Die Selektivmessung kann in der Programm-, Blenden-, Zeit- und Schärfentiefenautomatik, sowie bei manueller Belichtungseinstellung kurzfristig per Tastendruck aktiviert werden. Die festen Kombinationen wurden im Hinblick auf die Zielgruppen der EOS 500N nach anwendungsspezifischen Kriterien konzipiert. Und da die EOS 500N keine Profikamera ist, fällt das nicht negativ ins Gewicht. Im Gegenteil, die festen Kombinationen vereinfachen die Bedienung der Kamera, weil die Umschaltung zwischen verschiedenen Einzelfunktionen entfällt. Auf die Besonderheiten der Belichtungsmessung und des Autofokussystems werden wir in den entsprechenden, diesen Themen gewidmeten Kapiteln, eingehen. Die Programmverschiebung werden wir bei der Programmautomatik, die Belichtungsreihenautomatik bei der Belichtungsmessung behandeln.

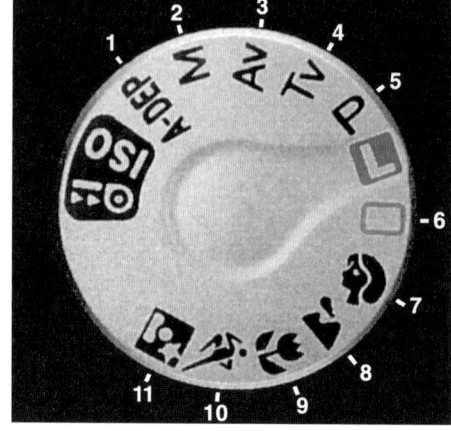

Sämtliche Programme werden mit dem Programmwahlrad eingestellt
1 Schärfentiefenautomatik
2 Manuelle Belichtungseinstellung (M)
3 Zeitautomatik (Av)
4 Blendenautomatik (Tv)
5 Programmautomatik (P)
6 »Grüne« Vollautomatik
7 Motivprogramm: Porträt
8 Motivprogramm: Landschaft
9 Motivprogramm: Nahaufnahmen
10 Motivprogramm: Sport/Action
11 Motivprogramm: Nachtporträt

Vollautomatik

Eingeschaltet wird die Vollautomatik, indem wir das Programmwahlrad so drehen, daß das grüne Rechteck der Indexmarkierung gegenübersteht. Fotoanfänger, Spiegelreflex-Einsteiger oder Technikmuffel werden ihre Freude an der »grünen« Vollautomatik haben. Denn in dieser Funktion werden sämtliche Kameraeinstellungen automatisch durchgeführt. Der Fotograf oder die Fotografin kann sich also voll auf die Bildgestaltung konzentrieren. Motiv anvisieren, und auf den Auslöser drücken. Unbelastet von der Aufnahmetechnik, können auf diese Weise scharfe und korrekt belichtete Fotos gelingen. Daß keine Möglichkeit besteht, die einprogrammierten Kameraeinstellungen zu verändern, ist in die-

Wer unbekümmert fotografieren möchte, findet in der Vollautomatik das geeignete Programm

sem Fall eher als eine Art Schutzmechanismus zu verstehen. Denn dadurch sollen Fehleinstellungen verhindert werden. Als Zusatzfunktionen zu den festen Einstellungen können der Selbstauslöser, die Funktion zur Verringerung des »Rote-Augen-Effekts« und der Piepton aktiviert werden. Wie bei jedem anderem Programm, kann die ISO-Einstellung manuell eingegeben werden und die Umstellung von AF- auf M-Fokus am Objektiv erfolgen. Falls Sie jedoch zu den »klassischen« Zielgruppen dieses Programms gehören, sollten Sie aber die Finger davon lassen. Denn Sie müssen in der Vollautomatik nichts anderes tun, als einen der drei AF-Sensoren auf das Hauptmotiv zu richten, den Auslöser antippen, und dann ganz durchdrücken. Wenn jedoch das Haupt-

Schnappschüsse gelingen in der Vollautomatik genauso einfach, wie mit einer Kompaktkamera: durchschauen und den Auslöser durchdrücken

motiv von keinem der drei AF-Sensoren erfaßt wird, muß die Kamera mit einem der AF-Sensoren (am besten mit dem zentralen Kreuzsensor) auf das Hauptmotiv gerichtet, und die Schärfe durch Druckpunkt am Auslöser gespeichert werden. Anschließend wird der gewünschte Bildausschnitt wieder gewählt und der Auslöser ganz durchgedrückt.

Die Canon EOS 500N arbeitet in der Vollautomatik mit Mehrfeldmessung, Einzelbildschaltung und AI-AF, das heißt mit automatischer Umschaltung von statischem auf dynamischen Autofokus, sobald die Kamera eine Objektbewegung registriert. Der eingebaute Blitz und das AF-Hilfslicht schalten sich bei Gegenlicht oder bei Dunkelheit automatisch ein. Im Sucher werden Verschlußzeit, Blende, aktivierter AF-Sensor, Fokussierindikator (der grüne Punkt ganz rechts in der Sucherleiste) und Blitzbereitschaft angezeigt. Gegebenenfalls wird auch, bei angetipptem Auslöser, die für die Verringerung des »Rote-Augen-Effekts« erforderliche Zeit dargestellt, und zwar durch eine abnehmende Balkenreihe in der Sucherleiste und auf dem Datenmonitor.

Um Fehlbedienung auszuschließen, können in der Vollautomatik keine Funktionsänderungen vorgenommen werden

Die »grüne« Vollautomatik ist für Standardmotive gut geeignet. Wenn aber schnelle Bewegungsabläufe »eingefroren«, oder Porträtaufnahmen vor unscharfem Hintergrund gemacht werden sol-

29

len, dann sind andere Programme, wie zum Beispiel Blendenautomatik oder Porträtprogramm, zweifelsohne besser geeignet. Natürlich kann man auch die eine oder die andere Funktionsprogrammierung überlisten, wie zum Beispiel den automatisch ausgeklappten Blitz bei angetipptem Auslöser wieder hereindrücken, so daß man auch ohne Blitz fotografieren kann. Das ist bei einem weit entferntem Hauptobjekt belichtungstechnisch durchaus sinnvoll, wenn es sich jenseits der Reichweite des Kamerablitzes befindet. Die Aufnahme wird in diesem Fall korrekt belichtet, weil die Messung dann ohne Blitz erfolgt. Allerdings macht das in der Praxis wenig Sinn. Wer bewußt in die Automatikfunktionen eingreifen will, ist mit der Programmautomatik besser bedient.

Versuchen Sie nicht, die Vollautomatik zu überlisten. Für manuelle Engriffe sollten Sie ein anderes Programm wählen

Motivprogramm: Porträt

Ähnlich wie die »grüne« Vollautomatik, sind auch die fünf Motivprogramme der Canon EOS 500N für Fotoanfänger, Spiegelreflex-Einsteiger oder Technikmuffel gedacht. Anders als in der Vollautomatik, werden in den Motivprogrammen Blende und Verschlußzeit so gesteuert, daß eine motivspezifische Bildwiedergabe erzielt wird. Beginnen wir mit dem Motivprogramm für Porträts. Gekonnt aussehende Porträtaufnahmen, ohne sich um die Aufnahmetechnik zu kümmern, gelingen mühelos im Porträtprogramm. Wenn das entsprechende Piktogramm auf dem Programmwahlrad der Indexmarkierung gegenübersteht, ist das Porträtprogramm eingeschaltet. Die Software des Porträprogramms ist so ausgelegt, daß eine möglichst große Blendenöffnung, die einer möglichst kleinen Blendenzahl entspricht, gesteuert wird. Im Porträtprogramm steuert die EOS 500N immer die größte Blendenöffnung des jeweiligen Objektivs bis zur Verschlußzeit 1/2000 Sekunde. Erst bei dieser Verschlußzeit wird die Blende geschlossen. Damit haben die Entwicklungsingenieure von Canon der Tatsache Rechnung getragen, daß in der Porträtfotografie üblicherweise das scharf abgebildete Gesicht von dem unscharf abgebildeten Hintergrund plastisch gelöst wird. Diese Wirkung fällt umso ausgeprägter aus, je größer die Entfernung zwischen der porträtierten Person und dem Hintergrund, und je länger die Brennweite des eingesetzten Objektivs ist. Das Porträtprogramm »harmoniert« folglich am besten mit Objektiven, die eine längere Brennweite als etwa 70 Millimeter haben. Besonders gut geeignet

Im Porträtprogramm wird automatisch eine große Blendenöffnung gesteuert, die für eine geringe Schärfentiefe sorgt

Das Porträtprogramm harmoniert am besten mit mittleren Telebrennweiten (80 mm bis 135 mm)

für Porträtaufnahmen sind Objektive oder Zoomeinstellungen zwischen 80 und 135 Millimeter. Für (unbemerkte) Porträts aus größerer Entfernung kommen auch Brennweiten zwischen 180 und 210 Millimeter in Frage.

Im Motivprogramm Porträt arbeitet die Canon EOS 500N mit statischem Autofokus (One-shot), Mehrfeldmessung, automatischer Blitzzuschaltung und Serienbildschaltung. Die Serienbildschaltung wird im Zusammenhang mit dem Porträtprogramm oft belächelt. Sie kann sich jedoch als nützlich erweisen, wenn beispielsweise Porträts in Bewegung (Körper- oder Kopfbewegung) gemacht werden. Aufgrund der großen Blendenöffnung werden entsprechend kurze Verschlußzeiten gesteuert, so daß die Bewegung »eingefroren« werden kann. Allerdings ist der statische Autofokus nicht gerade die optimale AF-Betriebsart für dynamische Porträts. Wenn es aber darum geht, den gewünschten Gesichtsausdruck auf Film zu bannen, kann die Serienbildschaltung hilfreich sein. Am effektivsten arbeitet man aber, wenn man beispielsweise die porträtierte Person in ein Gespräch verwickelt, den gewünschten Gesichtsausdruck abwartet, und erst im richtigen Augenblick auslöst. Das geht mit der EOS 500N sogar bei aktivierter Funktion zur Reduzierung des »Rote-Augen-Effekts«. Der Fotograf oder die Fotografin beobachtet im Sucher nicht nur die Anzeige für den zeitlichen Ablauf der Funktion (abnehmende Balkenreihe), sondern auch den Gesichtsausdruck der porträtierten Person. Auslösen kann man aber jederzeit, also auch nach Ablauf der für das Schließen der Pupillen erforderlichen Zeit. Folglich sollte man nur dann auslösen, wenn im Sucher der gewünschte Gesichtsausdruck zu sehen ist.

Die drei Hauptfelder der Mehrfeldmessung sind an die drei AF-Sensoren gekoppelt. Folglich wird bei der Belichtungsmessung der Bereich stärker gewichtet, auf dem fokussiert wurde. Dadurch kann man auch

Mit dem Porträtprogramm gelingen professionell wirkende Porträtaufnahmen sehr einfach, denn die Kamera steuert eine große Blendenöffnung, die eine scharf abgebildete Person vor dem unscharfen Hintergrund plastisch "herausarbeitet"

bei nicht allzu ausgeprägten Gegenlichtsituationen mit ausgewogen belichteten Bildern rechnen. Bei der Scharfeinstellung sollte man folgendes bedenken: Wenn mit langen Brennweiten ein Gesicht formatfüllend aufgenommen, oder ein noch knapperer Bildausschnitt gewählt wird, kann es durch die automatische Wahl der Fokussierpunktes durchaus vorkommen, daß die Nasenspitze scharf, aber die Augen unscharf abgebildet werden. Eine alte Porträtregel besagt, daß man im Zweifelsfall immer auf die Augen fokussieren sollte. Das kann man mit der EOS 500N durchführen, indem man den AF-Rahmen auf die Augen richtet, Druckpunkt am Auslöser nimmt (die Scharfeinstellung wird dabei auch gespeichert), und dann den gewünschen Bildausschnitt in Ruhe wählt.

Weil eine große Blendenöffnung gesteuert wird, kann in diesem Fall die Nasenspitze unscharf erscheinen. Aber das ist schon der Einstieg in die bewußte Gestaltung mit der Schärfentiefe, die wir im entsprechenden Kapitel behandeln werden.

Motivprogramm: Landschaft

Auch das Landschaftsprogramm wird wie gewohnt eingeschaltet: Das Programmwahlrad so drehen, daß das Bergpiktogramm dem Index gegenübersteht. Das Landschaftsprogramm ist sozusagen das Gegenteil des Poträtprogramms. Das Porträtprogramm ist ausgelegt auf mittlere Telebrennweiten und geringe Schärfentiefe, das Landschaftsprogramm dagegen auf Weitwinkelbrennweiten und große Schärfentiefe. Ausgangspunkt dieser Überlegungen ist, daß in der Landschaftsfotografie üblicherweise die Totale, das heißt das Übersichtsbild, von den meisten Fotografen angestrebt wird. Für Übersichtsaufnahmen eignen sich natürlich am besten kurze Brennweiten mit großem Bildwinkel, also Weitwinkelobjektive oder Zoomobjektive in Weitwinkelstellung. Weitwinkelobjektive bilden bei einer kleinen Blendenöffnung sowohl den Vordergrund, als auch den Hintergrund scharf ab. Kritiker dieser Programmsteuerung wenden ein, daß in der anspruchsvollen Land-

Das Motivprogramm für Landschaftsaufnahmen ist für Weitwinkelobjektive ausgelegt

schaftsfotografie oft auch Teleobjektive zum Einsatz kommen. Sie verkennen aber, daß bei den Zielgruppen dieses Programms über 90 Prozent der Landschaftsaufnahmen tatsächlich mit Weitwinkelbrennweiten entstehen, und daß dabei eine möglichst große Ausdehung der Schärfentiefe gewünscht wird. Dem trägt das Landschaftsprogramm voll Rechnung. Hervorragend geeignet sind Objektive im Weitwinkelbereich, wie beispielsweise die Festbrennweiter Canon EF 2,8/20 mm USM, EF 2,8/24 mm, EF 1,8/28 mm USM, EF 2,8/28 mm, EF 2/35 mm, oder die Zooms EF 2,8/17-35 mm L USM, EF 2,8/20-35 L, EF 3,5-4,5/20-35 mm USM, EF 3,5-4,5/24-85 mm L USM und natürlich auch die anderen Zooms ab Brennweite 28 mm oder 35 mm.

Im Landschaftsprogramm arbeitet die EOS 500N mit statischem Autofokus (One-shot), Mehrfeldmessung und Einzelbildschaltung. Der Blitz kann in dieser Automatikfunktion nicht ausgeklappt werden. Vorsicht ist bei der Verwendung von Teleobjektiven angebracht. Dafür ist das Landschaftsprogramm nicht konzipiert. Denn aufgrund der kleinen Blendenöffnungen fallen die Verschlußzeiten recht lang aus, was die Verwacklungsgefahr erhöht. Für Teleaufnahmen ist beispielsweise die Blendenautomatik mit Zeitvorwahl zu empfehlen. Im Landschaftsprogramm warnt die blinkende Verschlußzeit vor Verwacklungsgefahr, und zwar wenn die Verschlußzeit um mehr als eine halbe Stufe länger ist als der Kerhwert der Brennweite. Bei Brennweite 28 mm beispielsweise blinkt die Verschlußzeitenanzeige bei längeren Verschlußzeiten

Landschaftsaufnahmen mit ausgedehnter Schärfentiefe gelingen mühelos im Landschaftsprogramm

als 1/20 Sekunde. In diesem Fall ist der Einsatz eines Stativs zu empfehlen. Falls ein Objekt im Vordergrund raumdominant dargestellt werden soll, kann darauf fokussiert und die Scharfeinstellung gespeichert werden. Die Mehrfeldmessung reicht sogar bei leichtem Gegenlicht für eine ausgewogene Belichtung. Bei starkem Gegenlicht sollte man jedoch in andere Programme umschalten, und die gemessene Belichtung entsprechend verlängern, oder mit der Selektivmessung eine Ersatzmessung vornehmen und den Wert speichern. Wie das in der Praxis funktioniert, erfahren Sie im Kapitel über die Belichtungsmessung.

Das Landschaftsprogramm kann nicht nur bei Landschaftsaufnahmen, sondern auch bei allen Aufnahmen, bei denen eine große Ausdehnung der Schärfentiefe gewünscht ist, eingesetzt werden

Motivprogramm: Nahaufnahme

Das Motivprogramm für Nahaufnahmen ist dann eingeschaltet, wenn das Blumenpiktogramm auf der Programmwahlrad dem Index gegenübersteht. Ausgelegt ist das Nahaufnahmen-Programm für die Makroeinstellung der Canon EF-Zooms und für die speziellen Makroobjektive. Die EOS 500N arbeitet in diesem Programm mit statischem Autofokus (One-shot), Mehrfeldmessung, Einzelbildschaltung und automatische Blitzzuschaltung. Weil die Ausdehung der Schärfentiefe im Nahbereich mit größer werdendem Abbildungsmaßstab rapide abnimmt, werden kleine Blendenöffnungen gesteuert. Die Programmcharakteristik entspricht in etwa dem Landschaftsprogramm, allerdings mit zusätzlicher Blitzzuschaltung. Durch den relativ langen Objektivauszug und die kleine Blendenöffnung bedingt, ist mit recht langen Verschlußzeiten zu rechnen. Daher kommt dem eingebauten Blitzgerät im Nahbereich eine große Bedeutung zu. Bei Blitzaufnahmen können beispielsweise auch sich bewegende Insekten bei ausreichender Schärfentiefe scharf abgebildet werden. Die an den jeweils aktiven AF-Sensor gekoppelte Sechsfeldmessung sorgt bei

Professinell wirkende Nahaufnahmen geligen kinderleicht im entsprechenden Motivprogramm

Rechte Seite:
Das Nahaufnahmeprogramm ist auf die Makroeinstellung der EF-Objektive abgestimmt. Wenn man mit der Makroeinstellung der Zoomobjektive nicht den gewünschten Abbildungsmaßstab erreicht, dann ist der Einsatz eines Makroobjektivs, wie in unseren Bildbeispielen, zweckmäßig

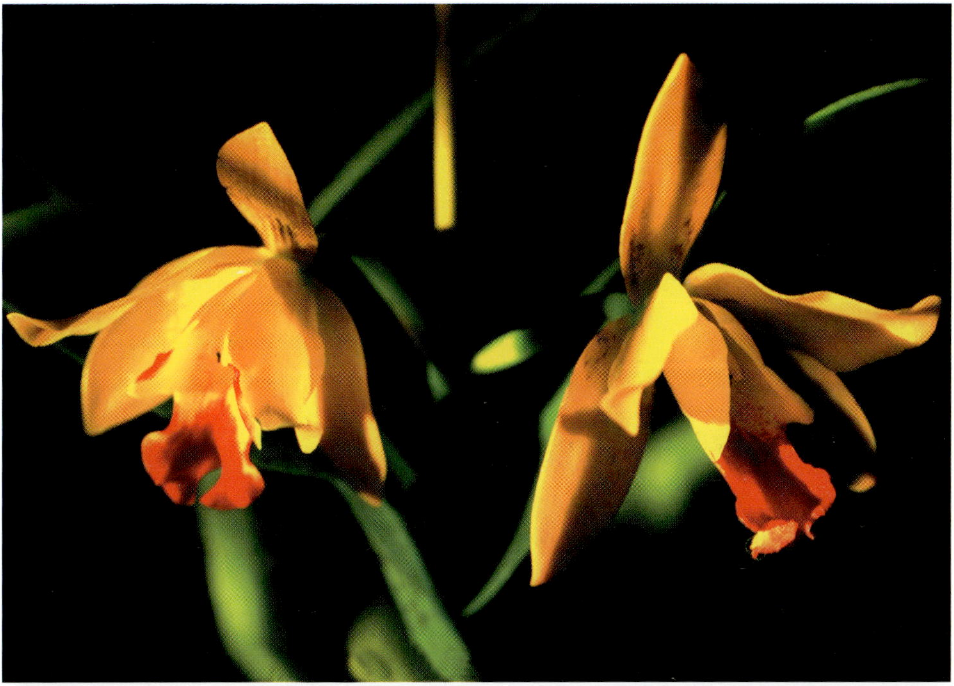

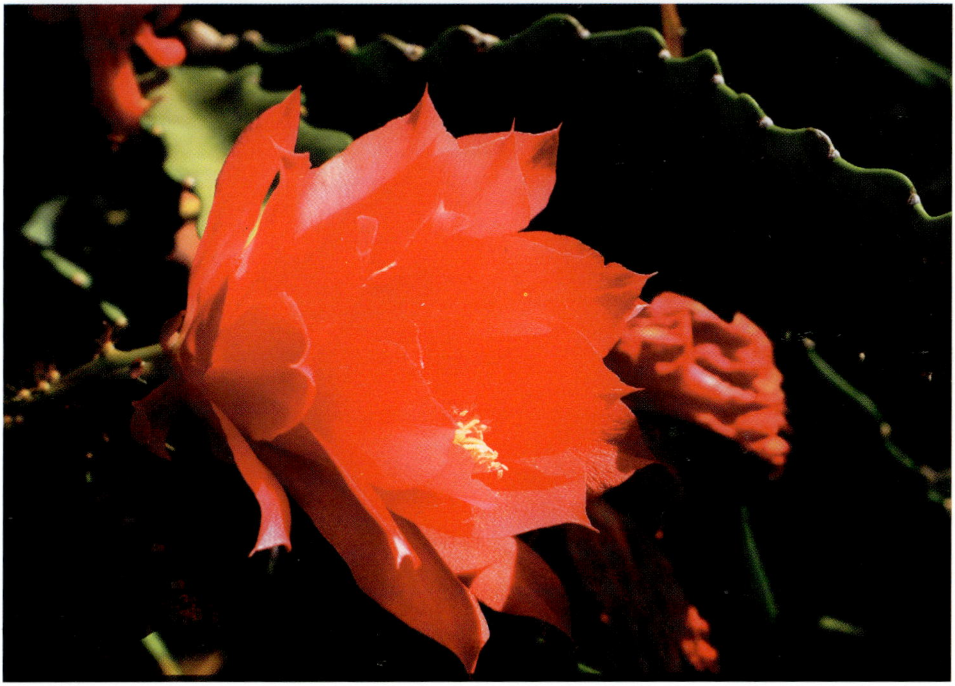

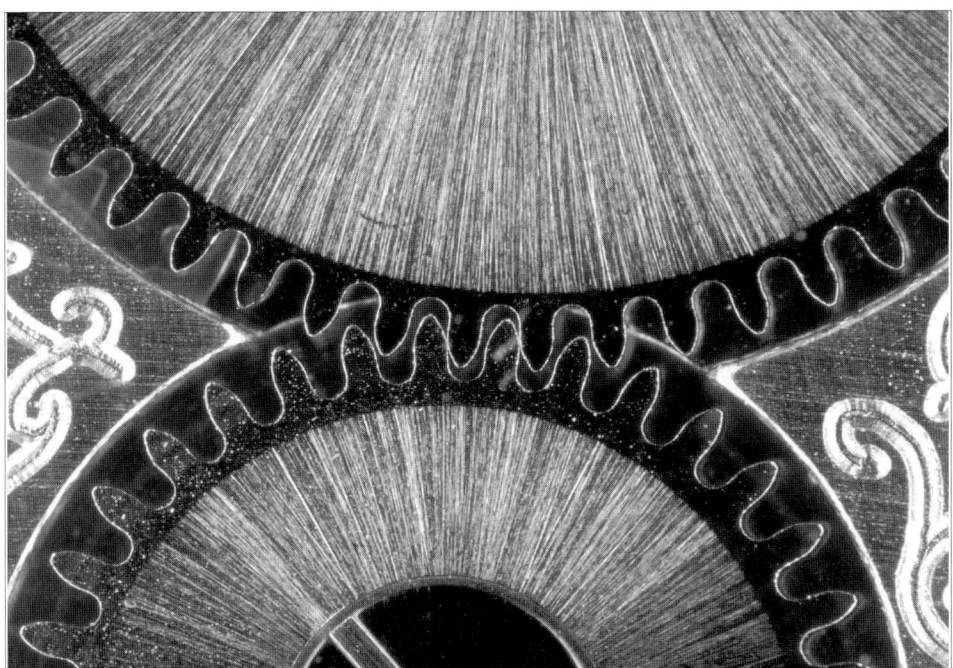

Für echte Makroaufnahmen ist ein "echtes" Makroobjektiv erforderlich. Bei unserem Beispielfoto kam außerdem auch noch ein Balgengerät zum Einsatz

Dauerlicht für eine ausgewogene Belichtung zwischen Hauptmotiv und Hintergrund. Natürlich wird auch die durch den größeren Objektivauszug bedingte Verlängerung der Verschlußzeiten automatisch berücksichtigt. Bei statischen Motiven ist es im Nahbereich empfehlenswert, vom Stativ zu fotografieren. Das reduziert die Verwacklungsgefahr.

Nah- und Makroaufnahmen sind ein faszinierendes, gleichzeitig aber auch ein schwieriges Aufnahmegebiet. Die technischen Schwierigkeiten werden wir in den Kapiteln über die Schärfentiefe gezielt behandeln. Auf einen Aspekt müssen wir aber an dieser Stelle eingehen. Die meisten Zoomobjektive haben eine sogenannte Makroeinstellung, die üblicherweise mit einem Blumenpiktogramm gekennzeichnet ist. Zoomobjektive, die gleichzeitig den gemäßigten und den klassischen Telebereich, oder sogar den Weitwinkel- und Telebereich abdecken, weisen jedoch eine relativ große Naheinstellgrenze auf. Die kürzeste Entfernungseinstellung beim Canon EF 2,8/80-200 mm, um nur ein Beispiel zu nennen, liegt bei 1,8 Meter. Das kann man für den klassischen Telebereich gerade noch hinnehmen, ist aber für den gemäßigten Telebereich, und vor allem für Nahaufnahmen, deutlich zu groß. Die kürzeste Entfernungseinstellung bei herkömmlichen Objektiven mit Festbrennweite liegt beispielsweise bei 0,85 Meter (EF 1,8/85 mm USM) oder 0,9 Meter (EF 2/100 mm USM), während das EF 2,8/100 mm Macro bis auf 0,31 Meter fokussiert werden kann, was einem Abbildungsmaßstab von 1:1 entspricht. Außerdem läßt die Abbildungsqualität der für unendlich korrigierten Objektive im

Linke Seite: Wenn es im Nahbereich auf die Abbildungsqualität ankommt, dann sollte am besten ein 100er Makroobjektiv verwendet werden

Nahbereich deutlich nach. Wer qualitativ hochwertige Makroaufnahmen anstrebt, kommt daher an einem echten Makroobjektiv nicht vorbei.

Motivprogramm: Sport oder Action

Das Motivprogramm für Sport- oder Actionaufnahmen ist eingeschaltet, wenn das Läuferpiktogramm auf dem Programmwahlrad der Indexmarkierung gegenübersteht. Es ist kurzzeitorientiert, so daß schnelle Bewegungsabläufe »eingefroren«, das heißt scharf abgebildet werden können. Im Sportprogramm arbeitet die EOS 500N mit automatischer Umschaltung auf dynamischen Autofokus, sobald sich das Motiv bewegt (AI-AF), Mehrfeldmessung und Serienbildschaltung. Der AI-Servo-Autofokus der EOS 500N kann bei bewegten Objekten sogar die Schärfe »nachziehen«, also kontinuierlich nachfokussieren, solange der Auslöser angetippt ist. Bei Objekten, die sich auf die Kamera zu, oder von ihr weg bewegen, kann der AI-Servo-Autofokus sogar die voraussichtliche Position des Objektes im Augenblick des Auslösens vorausberechnen, und auf diese Position fokussieren. Die Serienbildschaltung ist in diesem Programm sinnvoll, aber bei der EOS 500N mit einer Frequenz von etwa einem Bild pro Sekunde nicht gerade als »arbeitswütig« zu bezeichnen. Eine Blitzautomatik gibt es in die-

Die EOS 500N kann im Sportprogramm bei angetipptem Auslöser die Schärfe nachführen

Das Sportprogramm steuert kurze Verschlußzeiten und kann praktisch bei allen bewegten Motiven eingesetzt werden, bei denen der Bewegungsablauf "eingefroren" wiedergegeben soll

Vor allem beim Einsatz von Telezooms sollten hochempfindliche Filme verwendet werden, damit im Sportprogramm entsprechend kurze Verschlußzeiten gesteuert werden können

sem Programm vernünftigerweise nicht. Wie in der Sportfotografie üblich, wird das Sportprogramm normalerweise mit längeren Brennweiten und bei größeren Aufnahmeentfernungen eingesetzt. Das Sport- und Actionprogramm ist aber nicht nur für Sportveranstaltungen gedacht. Durch die kurzen Verschlußzeiten und den dynamischen Autofokus können Porträts in Bewegung oder Kinderaufnahmen besser als im Porträtprogramm gelingen. Damit das Sportprogramm sinnvoll arbeiten kann, sind gute Lichtverhältnisse vorausgesetzt. Bei schlechten Lichtverhältnissen kann man Diafilme mit einer Empfindlichkeit von ISO 200 bis 400 einsetzen. Bei Negativfilmen, von denen keine größeren Vergrößerungen als 13x18 cm gemacht werden, können sogar Filme mit Empfindlichkeiten bis zu ISO 800 oder 1000 ohne allzu großem Verlust an Bildqualität verwendet werden. Im Zweifelsfall ist eben eine gröbere Körnigkeit einer unscharfen Aufnahme vorzuziehen. Beim Einsatz von lichtstarken Teleobjektiven können durch die große Anfangsöffnung kürzere Verschlußzeiten erzielt werden. Ein stabiles Stativ, oder bei schweren Objektiven auch ein Einbeinstativ, können die Verwacklungsgefahr bei langen Brennweiten minimieren.

Motivprogramm: Nachtporträt

Das Motivprogramm für Nachtporträts kann nicht nur bei Personenaufnahmen, sondern auch bei anderen Nachtaufnahmen eingesetzt werden, wenn ein Gegenstand im Vordergrund vor einer beleuchteten Stadtkulisse fotografiert werden soll

Das Motivprogramm für Nachtporträts wird wie die anderen Programme eingestellt: Das Programmwahlrad mit dem schwarz umrandeten Piktogramm in die Indexposition drehen. In dieser Funktion zündet der Kamerablitz immer. Das Motivprogramm für Nachtporträts steuert also bei Blitzaufnahmen eine längere Verschlußzeit, so daß auch der Hintergrund ausreichend belichtet wird. Dadurch können auf einfache Weise gekonnte Nachtporträts, zum Beispiel vor einer beleuchteten Stadtkulisse oder vor einem Sonnenuntergang entstehen. Bei Nachtporträts in einem anderen Programm würde normalerweise das Hauptmotiv im Vordergrund korrekt belichtet, der Hintergrund aber zu dunkel erscheinen. Für die korrekte Belichtung des Hintergrundes in der Dämmerung, oder bei Nacht, sind lange Verschlußzeiten erforderlich, so daß die Verwendung eines Stativs zu empfehlen ist.

Programmautomatik (P) mit Programmverschiebung

Die »verschiebbare« (shiftbare) Programmautomatik ist vielleicht das wichtigste, weil vielseitigste Belichtungsprogramm. Sie ist eingeschaltet, wenn der Buchstabe »P« auf der Programmwahlrad der Indexmarkierung gegenübersteht. Wenn schnelle Schußbereitschaft oder unbeschwertes Fotografieren gewünscht wird, dann ist die shiftbare Programmautomatik die geeignete Betriebsart. Verschlußzeit und Blende werden vom Kameracomputer automatisch gesteuert. Beim Antippen des Auslösers beginnt die Fokussierung, und die von der Kamera ermittelten Daten, das heißt Blende und Verschlußzeit, werden im Sucher und auf dem Datenmonitor angezeigt. Der Fotograf oder die Fotografin hat aber

Programmverschiebung nach Wunsch: kürzere Verschlußzeit für verwacklungsfreie Teleaufnahmen (Abb. oben), kleinere Blendenöffnung für große Schärfentiefe (Abb. unten)

jederzeit die Möglichkeit, durch das sogenannte Shiften die Zeit-Blenden-Kombination bei gleichbleibendem Belichtungswert nach Wunsch zu verändern. Ein Dreh am Einstellrad genügt, um die gewünschte Blende oder Verschlußzeit einzustellen. Das kommt einer Zeit- beziehungsweise Blendenautomatik gleich, so daß in den meisten Situationen das Umschalten in diese Automatikfunktionen entfallen kann. Der Programmshift wird nach jeder Aufnahme automatisch gelöscht, und die ursprüngliche Programm-charakteristik wieder aktiviert. Bei ausgeklapptem Blitz, oder bei eingeschaltetem externen Blitz, kann nicht geshiftet werden.

In der Programmautomatik arbeitet die EOS 500N mit automatischer Umschaltung von statischem auf dynamischen Autofokus (AI-AF), sobald eine Objektbewegung registriert wird.

Die Programmautomatik ist ideal für Schnappschüsse

Die Programmautomatik der EOS 500N ist shiftbar, was nichts anderes bedeutet, als daß man die von der Kamera ermittelte Zeit-Blenden-Kombination bei gleichbleibendem Lichtwert beliebig verstellen kann

Mehrfeldmessung und Serienbildschaltung gehören ebenfalls zur Grundeinstellung. Beim Druck auf die ensprechende Taste (*) wird in der Programmautomatik die Selektivmessung aktiviert. Das Selektivmeßfeld sollte vor dem Tastendruck auf die zu messende Fläche ausgerichtet sein. Denn bereits beim Antippen der Taste wird der Meßwert gespeichert. Die Meßwertspeicherung bleibt bei gedrückter Taste, beziehungsweise für 4 Sekunden nach Freigabe der Taste erhalten. Das Symbol für die Selektivmessung (*) und die Meßwertspeicherung leuchtet links unten im Sucher auf. Die Zeit-Blenden-Kombination erscheint im Sucher und auf dem Display, und kann ebenfalls geshiftet werden. Beim Druck auf die Selektivtaste wird nur der Wert für die Belichtungsmessung, nicht aber die Scharfeinstellung gespeichert. Es kann also bei gedrückter Selektivtaste beliebig fokussiert werden. Bei agetipptem Auslöser wird sowohl der Belichtungswert, als auch die Scharfeinstellung für eine Aufnahme gespeichert. Nachdem man Druckpunkt am Auslöser genommen hat, kann die Selektivtaste freigegeben werden. Das alles hört sich etwas kompliziert an, ist in der Praxis jedoch problemlos durchzuführen.

Bei der Mehrfeldmessung kann eine manuelle Belichtungskorrektur im Bereich von ±2 EV in halben Stufen erfolgen. Dafür genügt es, die Korrekturtaste (AV +/-) mit dem rechten Daumen zu drücken, und gleichzeitig das Einstellrad mit dem rechten Zeigefinger zu drehen, bis der gewünschte Korrekturwert im Sucher und auf dem Datenmonitor erscheint. Der Korrekturwert bleibt im sogenannten Kreativbereich und auch nach Ausschalten der Kamera erhalten. Gelöscht wird der Korrekturwert bei Umschaltung in die Vollautomatik oder in einem der Motivprogramme. Der Korrekturwert kann aber auch, genauso wie bei der Aktivierung beschrieben, gelöscht, das heißt in die Nullposion gebracht werden.

Der Blitz kann per Tastendruck hochgeklappt werden. Die Blitzbelichtungskorrektur kann man genauso wie bei Dauerlicht eingeben: Bei gedrückter Korrekturtaste den Korrrekturwert mit dem Einstellrad eingeben. Die Synchronzeit von 1/90 s wird nicht verändert, die Belichtungskorrektur erfolgt über die Blende. Die Korrektur läßt sich natürlich nicht über den Blendenbereich hinaus einstellen, obwohl die Korrekturmarke sich unabhängig davon verschieben läßt. Mehrfachbelichtungen, Ein- oder Ausschalten des Pieptons, Selbstauslöser und natürlich die Funktion zur Reduzierung des »Rote-Augen-Effekts« sind weitere Möglichkeiten, die in der Programmautomatik zur Verfügung stehen. Und natürlich die Belichtungsreihenautomatik. Dieser wichtigen Funktion werden wir ein eigenes Kapitel widmen.

Blendenautomatik (Tv)

Wenn das Symbol »Tv« auf dem Programmwahlrad der Indexmarkierung gegenübersteht, ist die Blendenautomatik mit Zeitvorwahl eingestellt. »Tv« kommt von »Time-value-priority«, und bedeutet Verschlußzeit-Priorität, das heißt Blendenautomatik mit
Verschlußzeitvorwahl. In dieser Belichtungsfunktion wird die gewünschte Verschlußzeit manuell eingestellt, und die Kamera steuert automatisch in Abhängigkeit von den Lichtverhältnissen stufenlos die entsprechende Blende. Mit dem Einstellrad der EOS
500N können Verschlußzeiten zwischen 1/2000 Sekunde und 30
Sekunden in halben Stufen vorgewählt werden. Beim Einschalten
der Blendenautomatik erscheint als Grundeinstellung die Verschlußzeit 1/125 Sekunde (auf dem Datenmonitor und im Sucher
wird nur die Zahl 125 angezeigt). Wenn aber in der Blendenautomatik (Tv) oder bei manueller Belichtungseinstellung (M) eine
andere Verschlußzeit manuell eingestellt wurde, erscheint diese
als Ausgangswert. Und zwar auch dann, wenn die Kamera inzwischen mehrmals aus- und eingeschaltet wurde. Falls aber das
Programmwahlrad in eine Position des Motivbereichs oder der
Vollautomatik gedreht wird, erscheint in der Blendenautomatik
wieder die 1/125 Sekunde als Grundwert. Vom jeweils angezeigten Wert ausgehend, kann der Fotograf oder die Fotografin die
gewünschte Verschlußzeit durch Drehen des Einstellrades vorwählen. Beim Antippen des Auslösers erfolgt die Fokussierung,
und die von der Kamera ermittelte Blende wird im Sucher und auf
dem Datenmonitor angezeigt. Die Anzeige der kleinsten beziehungsweise der größten Blende des jeweiligen Objekivs blinkt im
Sucher und auf dem Datenmonitor, wenn der automatisch gesteuerte Blendenbereich für eine korrekte Belichtung mit der vorgewählten Verschlußzeit nicht mehr ausreicht. Die EOS 500N läßt
sich aber dennoch mit der eingestellten Verschlußzeit und dem
blinkenden Blendenwert auslösen, was aber eine unter- oder

*In der Blendenautoma-
tik kann die gewünsch-
te Verschlußzeit mit
dem Einstellrad in hal-
ben Stufen vorgewählt
werden, und die Kame-
ra steuert automatisch
die passende Blende
dazu*

*Die Vorwahl einer kurzen
Verschlußzeit ermöglicht
verwacklungsfreie Frei-
handaufnahmen mit lan-
gen Brennweiten*

überbelichtete Aufnahme zur Folge hat. Um das zu vermeiden, sollte man eine Verschlußzeit vorwählen, bei der die Blendenanzeige nicht mehr blinkt.

In der Blendenautomatik arbeitet die Canon EOS 500N mit AI-Autofokus (automatische Umschaltung von statischem auf dynamischen AF), Serienbildschaltung und Mehrfeldmessung. Die Belichtungskorrektur kann im Bereich von +-2 EV in halben Stufen erfolgen. Auch die Selektivmessung mit Meßwertspeicher kann per Tastendruck eingesetzt werden. Den eingebauten Blitz muß man mit der Blitztaste manuell zuschalten. Die Blendenautomatik mit Mehrfeldmessung eignet sich sehr gut für Aufnahmen von bewegten oder sich bewegenden Objekten. Sport-, Action- und Schnappschußfotografie sind ideale Einsatzgebiete für die Blendeautomatik der Canon EOS 500N. Je nach vorgewählter Verschlußzeit können die Bewegungsabläufe »eingefroren« (scharf), oder verwischt wiedergegeben werden. Die Blendenautomatik kann auch für verwacklungsfreie Teleaufnahmen eingesetzt werden (eine kurze Verschlußzeit wählen). Die Mehrfeldmessung ist für Motive mit normalem oder leicht erhöhtem Kontrast geeignet. Bei Motiven mit schwierigen Lichtverhälnissen oder sehr hohen Kontrasten kann eine manuelle Belichtungskorrektur, oder der gezielte Einsatz der Selektivmessung erforderlich sein. Aufnahmen vom Fernsehbildschirm gelingen am besten, wenn man die Verschlußzeit 1/15 Sekunde einstellt und die Kamera auf ein Stativ befestigt.

Die Blendenautomatik mit Verschlußzeitvorwahl ist das geeignete Programm, wenn die Verschlußzeit als Mittel der Bildgestaltung eingesetzt werden soll

Zeitautomatik (Av)

Auch die Zeitautomatik mit Blendenvorwahl wird mit dem Programmwahlrad eingeschaltet, und zwar so, daß das Symbol »Av« dem Index gegenübersteht. Av kommt von »Aperture-value-prio-

Durch die Blendenvorwahl in der Zeitautomatik kann die Ausdehnung der Schärfentiefe beeinflußt und als Mittel der Bildgestaltung eingesetzt werden

rity« und bedeutet Blendenpriorität. In der Zeitautomatik wird die gewünschte Blende mit dem Einstellrad vorgewählt. Die Kamera steuert dann automatisch und stufenlos die entsprechende Verschlußzeit zwischen 1/2000 Sekunde und 30 Sekunden. Im Sucher und auf dem Datenmonitor erscheint in der Grundeinstellung Blende 5,6, es sei denn, bei manueller Belichtungseinstellung (M) oder in der Zeitautomatik (Av) wurde vorher eine andere Blende eingestellt. Wenn das Programmwahlrad in eine Position des Motivbereichs oder der Vollautomatik gedreht wird, erscheint anschließend wieder Blende 5,6 als Grundeinstellung. Vom jeweils angezeigten Blendenwert ausgehend, kann die gewünschte Blende

durch Drehen des Einstellrades in halben Stufen eingestellt werden. Beim Antippen des Auslösers erfolgt die Fokussierung, und die von der Kamera ermittelte Verschlußzeit wird im Sucher und auf dem Datenmonitor angezeigt. Bei zu hellem Licht blinkt die Verschlußzeiten-Anzeige für die 1/2000 s, bei zu schwachem Licht die Anzeige 30". Die Über- beziehungsweise Unterbelichtung wird aber ausgeführt. In solchen Fällen sollten Sie nach Möglichkeit eine kleinere beziehungsweise eine größere Blende vorwählen. Der Verschlußzeitebereich ist jedoch sehr groß, so daß Unter- oder Überschreitungen nicht oft zu erwarten sind. Bei zu langen Verschlußzeiten kann aber, je nach verwendeter Brennweite, die Verwaklungsgefahr lauern.

In der Zeitautomatik mit Blendenvorwahl arbeitet die Canon EOS 500N mit AI-Autofokus (automatische Umschaltung von statischem auf dynamischen AF, sobald sich das Objekt bewegt), Serienbildschaltung und Mehrfeldmessung. Manuelle Belichtungskorrektur ist jederzeit möglich. Die Selektivmessung mit

Eine große Blendenöffnung (kleine Blendenzahl) garantiert eine geringe Ausdehnung der Schärfentiefe (Abb. oben), während eine kleine Blendenöffnung (große Blendenzahl) die Ausdehnung der Schärfentiefe vergrößert (Abb. unten)

Meßwertspeicher kann über die entsprechende Taste aktiviert werden. Die Blitzzuschaltung muß durch Druck auf die Blitztaste manuell erfolgen.

Die Zeitautomatik mit Blendenvorwahl ermöglicht die gezielte Dosierung der Schärfentiefe und eignet sich sehr gut für Porträt-, Landschafts-, Stilleben- und Architekturaufnahmen. Auch hier gilt es zu bedenken, daß die Mehrfeldmessung für normale Lichtverhältnisse oder leicht erhöhte Motivkontraste geeignet ist. Bei sehr hohen Motivkontrasten oder bei starkem Gegenlicht ist eine manuelle Belichtungskorrektur, oder eine gezielte Selektivmessung mit Meßwertspeicherung erforderlich. Die Zeitautomatik mit aktivierter Selektivmessung ist vor allem für Porträtaufnahmen ideal. Der selektiv gemessene Wert kann gespeichert werden, und zwar entweder bei gedrückter Selektivtaste, oder durch Druckpunkt am Auslöser. Die Speicherung bleibt erhalten, so lange der Finger den Auslöser oder der Daumen die Selektivtaste drückt, so daß auch Serienaufnahmen mit Meßwertspeicherung möglich sind.

Bei Porträtaufnahmen in der Zeitautomatik ist die Selektivmessung oft die geeignete Belichtungsmeßart

Manuelle Belichtungseinstellung (M)

Auch bei einer Autofokuskamera ist die manuelle Belichtungseinstellung eine wichtige Funktion. Sie ist eingeschaltet, wenn das Symbol »M« auf dem Programmwahlrad der Indexmarkierung gegenübersteht. Bei manueller Belichtungseinstellung werden sowohl Blende, als auch Verschlußzeit in halben Stufen eingestellt. Beim Antippen des Auslösers beginnt die automatische Scharfeinstellung, und im Sucher und auf dem Datenmonitor erscheinen die Verschlußzeit 1/125 Sekunde und Blende 5,6 als Grundeinstellung. Wenn aber in der Blendenautomatik (Tv) eine andere Verschlußzeit, oder in der Zeitautomatik (Av) eine andere Blende manuell eingestellt wurden, erscheinen diese Ausgangswerte auf dem Datenmotitor im Sucher. Natürlich auch dann, wenn die Kamera inzwischen mehrmals aus- und eingeschaltet wurde. Falls aber das Programmwahlrad in eine Position des Motivbereichs oder der Vollautomatik gedreht wird, erscheinen bei »M« wieder die Grundwerte 1/125 Sekunde und Blende 5,6. Von den jeweils angezeigten Werten ausgehend, kann der Fotograf oder die

Wer gerne alles manuell einstellt, greift zur manuellen Belichtungseinstellung. Statische Motive sind natürlich besser dafür geeignet, als bewegte

Fotografin die gewünschte Zeit-Blendenkombination einstellen. Der Belichtungsabgleich wird auf der umfunktionierten Skala für die Belichtungskorrektur angezeigt. Die Verschlußzeit kann durch Drehen des Einstellrades in halben Stufen eingestellt werden. Um die Blende zu verändern, muß man mit dem rechten Daumen die Av-Belichtungskorrekturtaste (Av +/-) drücken, und gleichzeitig (mit dem rechten Zeigefinger) das Einstellrad drehen. Natürlich läßt sich auch die Blende in halben Stufen einstellen. Um eine korrekte Belichtung zu erhalten, muß der bewegliche Index mit dem Nullpunkt der Korrekturskala übereinstimmen. Die Abweichung von der korrekten Belichtung kann auf der Korrekturskala im Bereich von ±2 EV in halben Stufen abgelesen werden. Wenn die Abweichung größer als zwei Belichtungsstufen ist, dann blinkt der Index unter der Zahl -2 oder +2.

Bei starkem Gegenlicht muß man auch bei einer noch so ausgeklügelten Belichtungsautomatik mit Fehlbelichtungen rechnen, so daß die manuelle Belichtungseinstellung bei schwierigen Lichtverhältnissen die geeignete Funktion ist

Auch die manuelle Belichtungseinstellung (M) ist mit bestimmten Grundeinstellungen der Kamera fest kombiniert, so daß diese Betriebsart ebenfalls zu den Programmen gezählt wird. Bei manueller Belichtungseinstellung arbeitet die Canon EOS 500N mit AI-Autofokus, Serienbildschaltung und mittenbetonter Integralmessung. Die Selektivmessung läßt sich ebenfalls einsetzen. Der Kamerablitz muß manuell hochgeklappt werden. Für die automatische TTL-Blitzsteuerung ist die manuell eingestellte Blende maßgeblich. Bei kürzeren Verschlußzeiten als 1/90 Sekunde wird die kürzeste Blitzsynchronzeit (1/90 Sekunde) automatisch eingestellt.

Die manuelle Belichtungseinstellung ist ideal für die bewußte Lösung von schwierigen Aufnahmesituationen, wie Gegenlichtaufnahmen, gezielte Über- oder Unterbelichtungen, Low-key- oder High-key-Aufnahmen, ausgedehnte Belichtungsreihen mit konstanter Blende oder Verschlußzeit, experimentelle Fotografie, Aufnahmen mit sehr dunklen Filtern oder Trickvorsätzen, Infrarotfotografie, Mehrfachbelichtungen, Blitzbelichtungsreihen. Bei kritischen Motiven kann auch die manuelle Scharfeinstellung hilfreich sein.

Der Belichtungsabgleich wird auf der umfunktionierten Skala für die manuelle Belichtungskorrektur angezeigt

Schärfentiefenautomatik (A-DEP)

Die Schärfentiefenautomatik ist eine ausgesprochene »Canon-Spezialität«. Bei der Canon EOS 500N unterscheidet sie sich aber von den anderen EOS-Modellen. Wenn das Symbol »A-DEP« auf dem Programmwahlrad der schwarzen Indexmarke gegenüber steht, ist die Schärfentiefenautomatik eingeschaltet. A-DEP kommt von »Depth of focus«, oder »Depth of field«, was mit Schärfentiefe zu übersetzen ist. In dieser Betriebsart wird alles scharf abgebildet, was sich innerhalb der großen AF-Meßzone befindet, oder genauer, alles, was von den drei AF-Sensoren erfaßt wird. Natürlich funktioniert die Schärfentiefenautomatik nur im Autofokus-Betrieb. Die Blendenanzeige blinkt, wenn die gewünschte Schärfentiefe nicht zu erreichen ist. Die Belichtung wird

In der Schärfentiefenautomatik wird alles scharf abgebildet, was sich innerhalb der AF-Meßzone befindet

aber dennoch korrekt ausgeführt. Falls die Schärfentiefe mit der kleinsten Blende des jewiligen Objektivs nicht zu erreichen ist, kann, je nach Objektiv, die sogenannte Naheinstellung auf unendlich helfen (in einem eigenen Kapitel behandelt). Auch eine kürzere Brennweite oder eine größere Aufnahmedistanz können bedingt Abhilfe schaffen. Bedingt, weil auf diese Weise keine formatfüllende Aufnahmen mit dem ursprünglich angestrebten Bildausschnitt möglich sind. Ausschnittvergrößerungen sind auch keine Hilfe, denn die Ausdehnung der Schärfentiefe würde bei identischen Bildausschnitten gleich groß sein (bei Aufnahmen vom gleichen Standort aus). Warum das so ist, können Sie im Kapitel über die Schärfentiefe nachlesen.

Die Lage der drei AF-Sensoren ist gut geeignet für die Schärfentiefenautomatik

Die Schärfentiefenautomatik arbeitet mit statischem Autofokus (One-shot), Einzelbildschaltung und Mehrfeldmessung. Die Selektivmessung kann ebenfalls aktiviert werden (Empfehlung: bei angetipptem Auslöser aktivieren). Meßwertspeicherung ist in der Schärfentiefenautomatik aber nicht möglich, selbst wenn das entsprechende Symbol im Sucher angezeigt wird. Der Kamerablitz kann manuell zugeschaltet werden, doch damit hebt man sozusagen die Wirkung der Schärfentiefenautomatik wieder auf. Die Kamera arbeitet dann nämlich mit derselben Charakteristik wie in der Programmautomatik. Und natürlich darf, wie schon dargestellt, der Fokussierschalter am Objektiv nur auf »AF«, und keinesfalls auf »M« stehen, denn bei manueller Fokussierung ist selbstverständlich keine Schärfentiefenautomatik möglich.

Daß die Schärfentiefenautomatik der EOS 500N anders als bei anderen EOS-Modellen funktioniert, haben wir am Anfang dieses Unterkapitels erwähnt. Der Nachteil der Schärfentiefenautomatik der Canon EOS 500N gegenüber den Schwesternmodellen liegt darin, daß die Ausdehung der Schärfentiefe nicht vom Fotografen, sondern von der Kamera bestimmt wird. Daraus erwächst aber auch ein Vorteil. Es genügt nämlich, den Auslöser nur einmal zu betätigen, während bei den anderen EOS-Modellen jeweils drei »Durchgänge« pro Aufnahme erforderlich sind (eine AF-Messung auf den Nahpunkt, eine auf den Fernpunkt und anschließend das Auslösen). Außerdem sollte man bei der Schärfentiefenautomatik bedenken, daß oft kleine Blendenöffnungen gesteuert werden, die lange Verschlußzeiten zur Folge haben. Das erhöht die Verwacklungsgefahr, so daß der Einsatz eines Stativs eine wertvolle Hilfe ist. In dieser Funktion kann man aber auch die Ausdehnung der Schärfentiefe minimieren: Wenn beispielsweise bei einer Porträt- oder Stillebenaufnahme alle drei AF-Sensoren Motivdetails erfassen, die sich etwa in einer Ebene befinden.

Die Scharfeinstellung in der Praxis

Über die Schärfe Ihrer Aufnahmen entscheidet zu einem großen Teil die Genauigkeit der Fokussierung. Denn jedes Objektiv erzeugt nur in der Bildebene eine scharfe Abbildung. Ein Aufnahmeobjekt wird auf Filmmaterial scharf abgebildet, wenn die Bildebene mit der Filmebene vollkommen übereinstimmt. Die Scharfeinstellung oder Fokussierung ist der Vorgang, bei dem die Bildebene mit der Filmebene zur Übereinstimmung gebracht wird. Beim Fokussieren werden das Objektiv, oder einzelne Objektivglieder in der optischen Achse verschoben, bis beide Ebenen deckungsgleich sind. Die Canon EOS 500N ist mit einem leistungsstarken und präzisen Autofokus-System ausgestattet. Aber auch die beste automatische Fokussierung hat ihre Grenzen. Sie zu kennen und überwinden, wird nach der Lektüre dieses Kapitels einfach.

Das Autofokus-System der EOS 500N arbeitet schnell, leise und präzise. Aber es hat auch seine Grenzen. Nur wer sie kennt, kann sie überwinden

Das Autofokus-System

Bei der Konstruktion des Autofokus-Systems der EOS 500N konnten die Entwicklungsingenieure von Canon auf bewährte Bauteile aus den Regalen des Konzerns zurückgreifen. Im wesentlichen stammt der Autofokus der Canon EOS 500N vom Schwestermodell EOS 10. Das Autofokus-Modul »Multi-BASIS« (BAse-Stored-Image-Sensor) reagiert sehr schnell und genau auch bei schwachem Licht und geringem Objektkontrast. Der kreuzförmige AF-Sensor in der Bildmitte wird von zwei vertikalen AF-Sensoren flankiert. Dadurch entsteht eine große Meßzone, in der auch bewegte Objekte schneller und genauer verfolgt werden können.

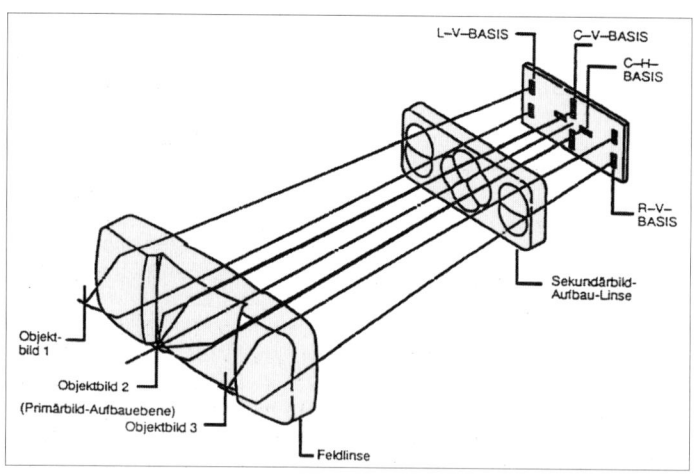

Schematische Darstellung des Autofokus-Moduls und des Strahlengangs bei der Ermittlung der Schärfenebene

Genauso wie die EOS 10 und das Vorgängermodell EOS 500, verfügt auch die neue EOS 500N über zwei Autofokus-Meßarten: One-shot-AF und Servo-AF (letzteres nur bei automatischer Umschaltung zwischen beiden AF-Meßarten beim AI-AF).

Die Autofokus-Meßart One-shot wird im Canon-Jargon statischer Autofokus genannt. Die Kamera arbeitet mit Schärfepriorität, und die Scharfeinstellung kann bei angetipptem Auslöser gespeichert werden. Die AF-Meßart One-shot ist bei der Canon EOS 500N mit den Motivprogrammen für Porträt-, Landschafts-, Nah- und Nachtaufnahmen, sowie mit der Schärfentiefenautomatik fest kombiniert. Die anderen Belichtungsprogramme arbeiten mit dem sogenannten »AI-AF« nach folgendem Prinzip: Die Grundeinstellung ist auch hier One-shot, der AI-AF registriert aber jede Objektbewegung und schaltet gegebenenfalls sofort auf AI-Servo automatisch um. Die Umschaltung auf dynamische Fokussierung erfolgt auch wenn die

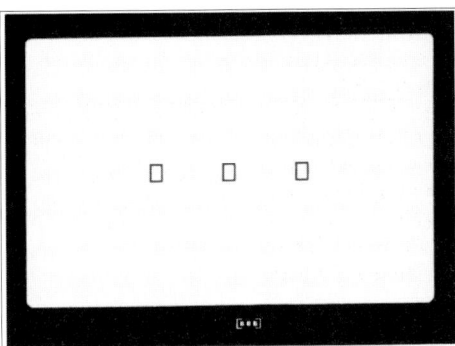

Die Lage der drei AF-Sensoren ist auf der Sucherscheibe markiert. Der jeweils aktive AF-Sensor wird in der Mitte der Sucherleiste angezeigt

Objektbewegung nach erfolgter statischer Fokussierung einsetzt. Gelegentlich kann sogar die Bewegung der Kamera die Umschaltung auf dynamische Fokussierung verursachen. Der dynamische Autofokus, so der Canon-Jargon für den AI-Servo-AF, kann bei bewegten Objekten kontinuierlich nachfokussieren - daher auch die allgemeine Bezeichnung Continuous Servo Autofocus für diese AF-Betriebsart. Der vorausberechnenden Autofokus stellt eine elegante Lösung dar, um schnelle Bewegungsabläufe »einzufrieren«, das heißt scharf abzubilden. Der Kameracomputer berechnet aus den Daten der kontinuierlichen Autofokus-Messungen die voraussichtliche Position des bewegten Objektes zum Zeitpunkt der Belichtung. Damit wird die Objektbewegung in der geringen zeitlichen Verzögerung zwischen dem Druck auf dem Auslöser und der tatsächlichen Belichtung berücksichtigt. Das gilt nur für Objektbewegungen, die parallel oder nahezu parallel zur optischen Achse verlaufen. Die Objekte müssen sich also auf die Kamera zu oder von ihr weg mit relativ konstanter Geschwindigkeit bewegen, damit die Objektposition im Augenblick der Belichtung vorausberechnet werden kann.

In jeder Betriebsart arbeitet die Canon EOS 500N mit Schärfepriorität. Es kann also nur nach erfolgter Scharfeinstellung ausgelöst werden

Die Canon EOS 500N arbeitet in jeder AF-Betriebsart mit Schärfepriorität. Die Kamera kann also nur nach erfolgter Fokussierung ausgelöst werden, und zwar unabhängig ob der statische oder der dynamische Autofokus eingeschaltet ist. Wenn sich der AF-Schalter am Objektiv in der M-Position befindet (manuelle Scharfeinstellung) kann jederzeit, also auch bei völlig unscharfem Bild, ausgelöst werden.

Die drei AF-Sensoren, die Computereinheit für die AF-Messung und AF-Steuerung befinden sich im Kameragehäuse. Der AF-Motor und der Antriebmechanismus sind in den Canon EF-Objektiven untergebracht (EF= Electro Focus). Gegenwärtig setzt Canon drei verschiedene AF-Motoren in die EF-Objektive ein: Bogenmotoren (AFD= Arc Form Drive), USM-Ringmotoren (USM= Ul-

trasonic Motor, Ultraschallmotor) und die neuen Micro-USM, klei-
nene, zylinderförmige Ultraschallmotoren. Das Autofokus-System
der Canon EOS 500N harmoniert ausgezeichnet mit den Canon
EF-Objektiven. Das schlägt sich in eine schnelle, leise und präzise
Autofokussierung nieder.

Wahl der AF-Sensoren

Die drei Autofokus-Sensoren der Canon EOS 500N haben wir
bereits kennengelernt: Ein zentraler kreuzförmiger AF-Sensor
wird von zwei vertikalen AF-Sensoren flankiert. Der mittlere kreuzförmige AF-Sensor kann sowohl auf horizontale, als auch auf
vertikale Strukturen problemlos scharfstellen. Die beiden äußeren
AF-Sensoren sind vertikal angeordnet und können mitunter
Schwierigkeiten haben, auf vertikale Strukturen zu fokussieren.
Oder anders formuliert: Sie können Strukturen, die parallel zu ihrer
Ausrichtung verlaufen, nicht »erkennen«. Die Lage der einzelnen
AF-Sensoren wird durch drei Rechtecke auf der Sucherscheibe
markiert. Die AF-Sensoren können bei der EOS 500N auf zweifache Weise angesteuert, beziehungsweise aktiviert werden: automatisch und manuell. In den Motivprogrammen, der Vollautomatik
und der Schärfentiefenautomatik arbeitet die Kamera immer mit
automatischer Wahl des AF-Sensors. Die manuelle Sensorwahl
ist nur in der Programm-, Blenden- und Zeitautomatik, sowie bei
manueller Belichtungseinstellung möglich. Nach Antippen der
Sensorwahltaste (III), wird die gewünschte Einstellung mit dem
Einstellrad vorgenommen. Die Aktivierung der AF-Sensoren wird
sowohl im Sucher, als auch auf dem Datenmonitor angezeigt.
Wenn alle drei Rechtecke in der Klammer erscheinen, ist die
automatische Wahl der AF-Sensoren eingestellt. Ansonstenist
nur der jeweils angezeigte AF-Sensor aktiviert. Die Einstellung

**Der zentrale Kreuzsen-
sor kann sowohl auf
vertikale, als auch auf
horizontale Strukturen
fokussieren, während
die zwei flankierenden
vertikalen Sensoren
nur auf Strukturen
scharfstellen können,
die senkrecht zu ihrer
Ausrichtung verlaufen**

*Durch die Aktivierung
des rechten AF-Sensors
war die Schärfespei-
cherung bei diesem Bild
überflüssig*

wird nach etwa sechs Sekunden automatisch übernommen, oder kann durch Antippen des Auslösers gespeichert werden. Beim Drehen des Programmwahlrades in eine Position der Motivprogramme oder der Vollautomatik, wird die manuelle Sensorwahl gelöscht und die automatische Wahl des AF-Sensors eingeschaltet.

Bei der automatischen Wahl des AF-Sensors aktiviert der Kameracomputer den AF-Sensor, der die kürzeste Entfernung meldet

Bei automatischer Wahl des AF-Sensors aktiviert der Kameracomputer automatisch in Abhängigkeit vom Motiv einen (oder zwei) der drei AF-Sensoren. Daher müssen Sie nur darauf achten, daß sich das Hauptmotiv im Bereich der drei AF-Sensoren befindet. Die Abstände zwischen den AF-Sensoren sind recht gering, so daß nur sehr dünne vertikale Objekte, wenn überhaupt, »durchschlüpfen« könnten. Die automatische Wahl der AF-Sensoren ist hauptsächlich für Anfänger und Spiegelreflex-Einsteiger gedacht. Normalerweise wird der AF-Sensor automatisch aktiviert, der das Motivdetail mit der kürzeren Aufnahmeentfernung erfaßt - es sei denn, er findet keine guten Strukturen oder Kontraste darauf. Dann wird der AF-Sensor, der die nächste gut strukturierte Motivpartie erfaßt, aktiviert. Der jeweils aktive AF-Sensor wird bei angetipptem Auslöser sowohl im Sucher, als auch auf dem Datenmonitor angezeigt. Für Schnappschüsse ist die automatische Sensorwahl sehr gut geeignet. Bei schwierigen Motiven ist es sinnvoll, den zentralen AF-Kreuzsensor zu aktivieren, der sowohl auf horizontale, als auch auf vertikale Strukturen fokussieren kann.

Die AF-Speicherung

Durch die Lage der drei AF-Sensoren entsteht ein großes AF-Meßfeld, so daß auch auf Objekte außerhalb der Bildmitte fokussiert werden kann. Manchmal wird aber das Hauptobjekt, auf das fokussiert werden soll, von keinem der drei AF-Sensoren erfaßt. Dann können Sie folgendermaßen vorgehen: Einen der drei AF-

AF-Ersatzmessung auf den Statuenkopf rechts und anschließende AF-Speicherung waren in diesem Fall erforderlich

Sensoren, oder noch besser, den zentralen AF-Sensor auf die Motivpartie richten, auf die fokussiert werden soll. Beim Antippen des Auslösers erfolgt die automatische Scharfeinstellung. Die durchgeführte Scharfeinstellung wird im Sucher angezeigt durch das konstante Aufleuchten des Fokussierindikators (grüne Leuchtdiode ganz rechts in der Sucherleiste) und durch einen Piepton (falls der Piepton nicht ausgeschaltet wurde). Solange Druckpunkt am Auslöser genommen wird, bleibt die Scharfeinstellung gespeichert, und der Fokussierindikator leuchtet konstant auf. Bei angetipptem Auslöser wird nun der gewünschte Bildausschnitt wieder eingenommen, und der Auslöser bis zum Anschlag durchgedrückt. Sollte eine Scharfeinstellung auf die anvisierte Motivpartie nicht möglich sein (zum Beispiel keine erkennbaren Strukturen, zu geringer Kontrast), blinkt die grüne LED im Sucher. Dann können Sie eine Ersatzmessung auf einen anderen Gegenstand in gleicher Entfernung vornehmen, oder manuell fokussieren. Von der Schärfentiefenautomatik (A-DEP) abgesehen, ist die Schärfespeicherung bei angetipptem Auslöser in jedem Belichtungsprogramm möglich. Dabei gilt es jedoch zu berücksichtigen, daß gleichzeitig auch die Belichtung gespeichert wird. Falls größere Helligkeitsunterschiede zwischen der gespeicherten und der korrekten Belichtung bestehen sollten, können Sie in der Programm-, Blenden- und Zeitautomatik bei angetipptem Auslöser und beim endgültigen Bildausschnitt die Selektivmessung aktivieren.

Rechte Seite
Glänzende Flächen und Reflexionen, wie in den Farbabbildungen nebenan, können, je nach Reflexionswinkel, auch das leistungsfähigste AF-System irreführen

Bei der AF-Speicherung durch Druckpunkt am Auslöser, wird auch die Belichtung gespeichert. Also ist bei zu großen Motivkontrasten Vorsicht geboten

Das AF-Hilfslicht

Mit einem Arbeitsbereich des Autofokus-Systems von EV 1,5 bis EV 18 (für ISO 100/21° und Objektiv 1,4/50 mm), kann die Canon EOS 500N auch bei schwachem Licht und flauen Kontrasten noch fokussieren. Falls es aber dennoch zu dunkel wird, oder falls das Objekt keine erkennbaren Kontraste aufweist, wird in jedem Programm das AF-Hilfslicht automatisch eingeschaltet. Das AF-Hilfslicht wird von einer Kryptonlampe erzeugt, und hat eine Reichweite von etwa fünf Meter. In diesem Entfernungsbereich läßt sich damit auch bei vollkommener Dunkelheit fokussieren. Die Kryptonlampe der EOS 500N dient (nach erfolgter Fokussierung) auch zur Reduzierung des »Rote-Augen-Effekts«. Bei Verwendung des Aufsteckblitzgerätes Canon Speedlite 540 EZ wird nicht das AF-Hilfslicht der Kamera, sondern des Aufsteckblitzes eingeschaltet. Bei den anderen Speedlite-Blitzgeräten wird das AF-Hilfslicht der Kamera eingeschaltet - es sei denn, der zentrale AF-Kreuzsensor wurde manuell aktiviert. Dann wird der Aufsteckblitz als AF-Hilflicht eingesetzt.

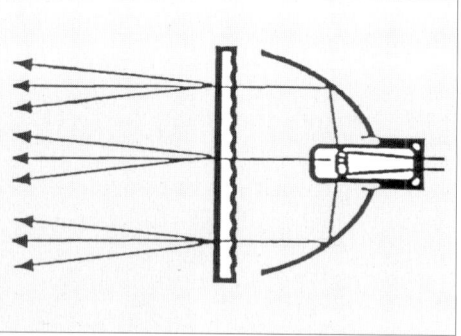

Als AF-Hilfslicht dient eine kleine, aber leistungsstarke Kryptonlampe, die neben dem Handgriff positioniert ist. Sie wird bei schwachem Licht automatisch aktiviert

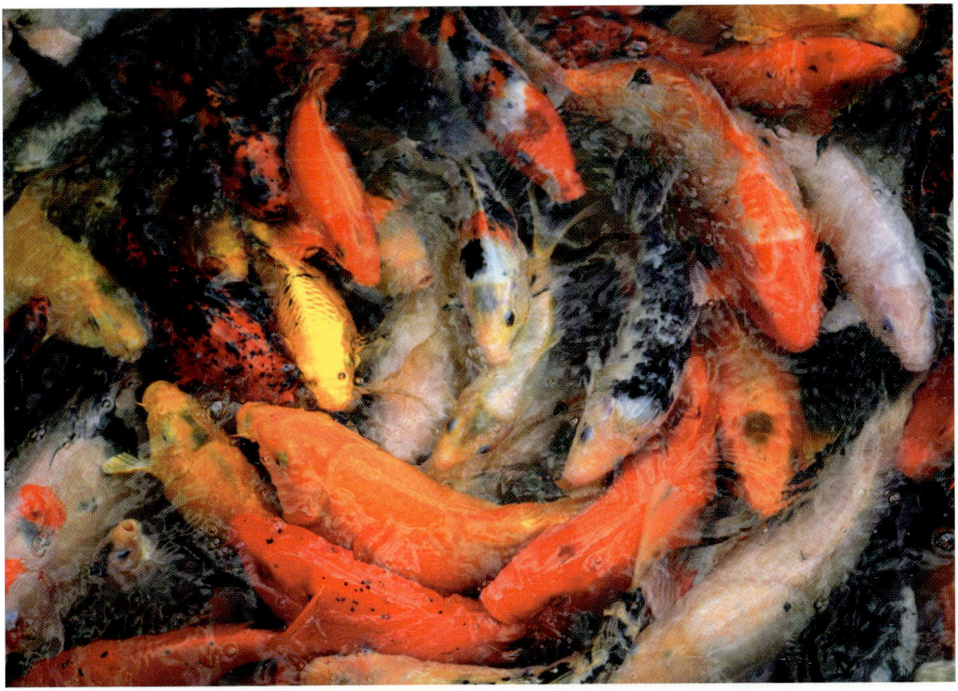

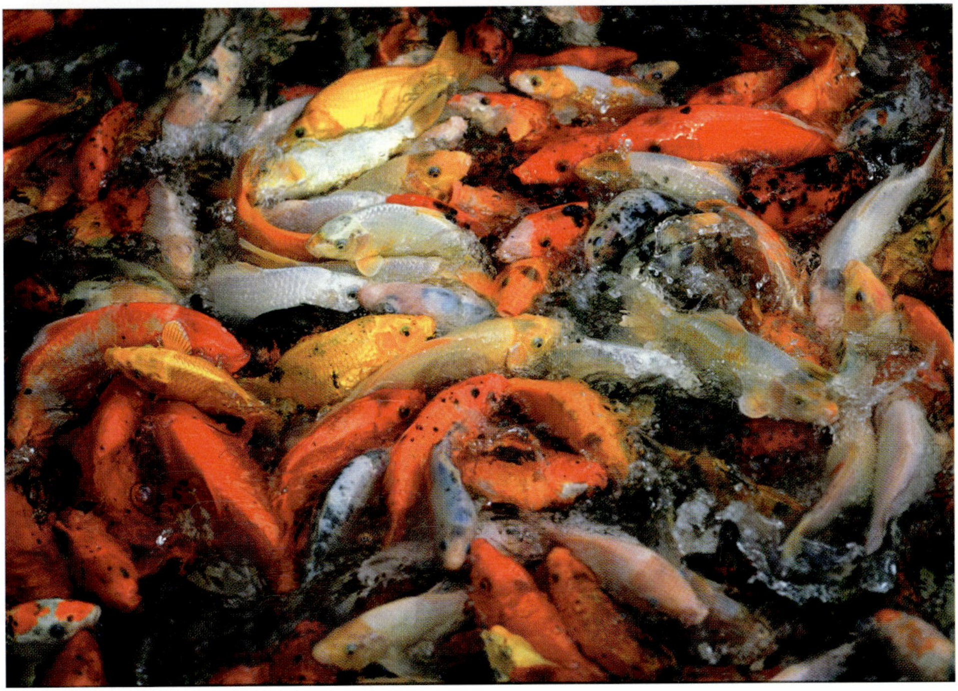

Die Grenzen des Autofokus

Bei vorgelagerten Strukturen (Gitter, Glasscheibe, Abb. unten) oder glatten Flächen ohne erkennbare Strukturen und Kontrasten (Haut, Abb. oben), muß jedes AF-System

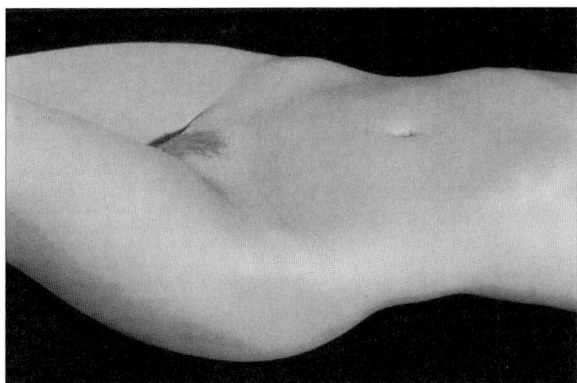

versagen. Manuelle Fokussierung führt in diesen Fällen zum Erfolg

Linke Seite
Reflexionen im Badeanzug, die weiße Wand im Hintergrund, die parallele Ausrichtung des ausgestreckten Armes zum oberen AF-Sensor – all das kann das AF-System stören. Ausweg: Speicherung der AF-Messung auf das Gesicht

Die Vorzüge des leistungsfähigen Autofokus-System der Canon EOS 500N haben Sie bereits kennengelernt. In der Praxis gibt es aber auch für ein noch so leistungsfähiges AF-System bestimmte Grenzen. Das Autofokus-System der Canon EOS 500N arbeiet passiv, das heißt, es reagiert auf die Objektreflexion. Damit ist es von der Objekthelligkeit und dem Objektkontrast abhängig. Das hat weitreichende Konsequenzen, und zwar sowohl bei sehr hellen, als auch bei sehr dunklen Motiven. Wir haben oben erwähnt, daß mit der Canon EOS 500N sogar eine automatische Scharfeinstellung in der Dämmerung möglich ist, weil die AF-Sensoren bereits ab Lichtwert 1,5 ansprechen. Diese Werten gelten aber für Blende 1,4 bei ISO 100/21°. Mit einem lichtschwächeren Zoomobjektiv beispielsweise liegt die Ansprechschwelle jedoch höher. Bei kürzeren Aufnahmeentfernungen, bis etwa fünf Meter, kann jedoch das eingebaute AF-Hilfslicht gute Dienste leisten. Gegenlicht, hochglänzende Flächen, starke Reflexe im Wasser, oder Spitzlichter können ebenfalls die AF-Sensoren irreführen. Mit einer Ersatzmessung auf ein Objekt in gleicher Entfernung, oder mit manueller Scharfeinstellung kann man das Problem lösen. Auf glatte Objekte ohne erkennbare Strukturen kann ebenfalls nicht automatisch fokussiert werden. Der Fall kann aber auch bei gut strukturierten Motiven auftreten, wenn sie (beziehungsweise die Strukturen) im Verhältnis zu den AF-Meßfelder zu klein erscheinen. Das aknn beispielsweise bei einer Weitwinkelaufnahme aus größerer Entfernung der Fall sein.

Der zentrale AF-Kreuzsensor der Canon EOS 500N kann sowohl auf vertikale, als auch auf horizontale Strukturen fokussieren. Die beiden seitlichen AF-Sensoren können aber nur auf Strukturen problemlos fokussieren, die mehr oder weniger senkrecht zu ihrer Ausrichtung verlaufen. Parallel zu ihrer Ausrichtung verlaufende Strukturen, können sie nicht »erkennen«. Erfahrene AF-Fotografen richten dann den zentralen AF-Kreuzsensor auf die entsprechende Motivpartie, oder drehen die Kamera in Hochformatposition, fokussieren, und speichern den gemessenen Wert.

Vor dem Auslösen wird natürlich wieder der gewünschte Bildausschnitt gewählt.

Als problematisch können sich auch gleichmäßige Strukturen erweisen (zum Beispiel Zäune oder Jalousien). Vorgelagerte Objekte, wie beispielsweise Äste, Gitter oder eine Glasscheibe können ebenfalls zu Fehlmessungen führen. Große Vorsicht ist auch beim Einsatz von Filtern und Vorsätzen geboten. Vor allem lineare, aber auch dunkel gedrehte zirkulare Polarisationsfilter können zu falschen AF-Meßergebnissen führen. Neutrale Dichtefilter, Verlauffilter, Weichzeichner oder Effektfilter können ebenfalls die automatische Scharfeinstellung beeinträchtigen.

Bei kurzen Aufnahmeentfernungen kann man dank des AF-Hilfslichtes auch bei vollkommener Dunkelheit fokussieren

Die drei AF-Sensoren der Canon EOS 500N sind in einer horizontalen Linie in der Sucher- und somit der Bildmitte angeordnet (bei Querformathaltung). Das kann sich negativ auf die Bildgestaltung auswirken. Zwar kann man auf jeden beliebigen Punkt auch außerhalb der Bildmitte fokussieren, wenn man anschließend die Schärfe bei angetipptem Auslöser speichert. Das ist praktisch ein zusätzlicher Arbeitsschritt, der von der Konzentration auf das Motiv und die Bildgestaltung eher ablenkt, als daß er sie fördert. Außerdem kann sich auch eine Art »Erfüllungszwang« bemerkbar machen, indem der Fotograf unbewußt dazu neigt, das Hauptobjekt in die Bildmitte zu plazieren. Die Ausführungen in diesem Abschnitt verstehen sich nicht als Plädoyer gegen den Autofokus, sondern als Hilfe, mögliche Fehlerquellen zu erkennen und zu umgehen. In den meisten Aufnahmesituationen ist jedoch der Autofokus eine echte Arbeitserleichterung. Ein leistungsfähiges AF-System, wie das der EOS 500N, erhöht die »Ausbeute« an scharfen Fotos und spontanen Schnappschüssen.

Manuelle Scharfeinstellung und Einstellhilfen

Die Canon EOS 500N ist eine Autofokuskamera, die für den Einsatz mit AF-Objektiven konzipiert wurde. Folglich ist sie eigentlich für AF-, und nicht für MF-Betrieb ausgelegt. Das sollten Sie berücksichtigen, und den Autofokus ohne Bedenken einsetzen. Darüber hinaus ist jedoch manuelle Scharfeinstellung jederzeit möglich - ab und zu vielleicht sogar erforderlich. Denn es gibt, wie wir im vorigen Abschnitt festgestellt haben, im Fotoalltag immer wieder Situationen, in denen eine automatische Scharfeinstellung nicht möglich (Grenzen des AF) oder nicht sinnvoll ist (Stativaufnahmen, Langzeit- oder Mehrfachbelichtungen). Die meisten Canon EF-Objektive sind mit einem Fokussierring ausgestattet, so daß problemlos manuell fokussiert werden kann. Allerdings ist der Fokussierring bei diesen Objektiven recht schmal und wenig griffig geraten, was die manuelle Scharfeinstellung etwas erschwert. Bei einigen neuen EF-Objektiven fehlt sogar der schmale Einstellring, so daß unmittelbar am Objektivtubus fokussiert, sprich gedreht werden muß. Bei diesen Kritikpunkten sollten man sich aber den Anfang dieses Kapitels in Erinnerung rufen: Sie haben eigentlich

Damit manuell fokussiert werden kann, muß der AF/M-Schalter an dem EF-Objektiven in die M-Position geschoben werden

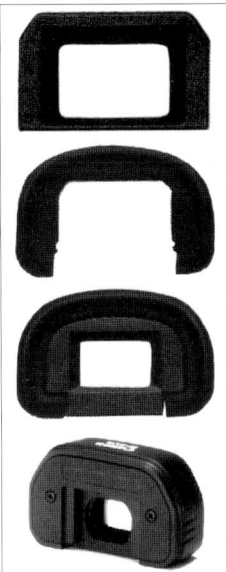

Für ein scharfes und brillantes Sucherbild ist, vorallem bei Sehschwächen, der Einsatz von speziellen Augenmuscheln und Dioptrienausgleichslinsen erforderlich

Winkelsucher Typ B

Einstellupe S

keine MF-, sondern eine AF-Kamera und AF-Objektive gekauft, so daß die manuelle Scharfeinstellung systembedingt nur als Notlösung konzipiert ist.

Die Umschaltung von AF- auf MF-Betrieb erfolgt nicht an der Kamera, sondern an den EF-Objektiven. Damit Sie per Hand fokussieren können, müssen Sie den entsprechenden Schalter an den EF-Objektiven aus der »AF«-Position in die »M«-Position schieben. Fokussiert wird nach Sicht auf der Sucherscheibe, oder mit elektronischer Einstellhilfe. Als elektronische Einstellhilfe dient die grüne Leuchtdiode rechts unten in der Sucherleiste, die auch bei AF-Betrieb die erfolge Scharfeinstellung bestätigt (Fokussierindikator). Und so wird die elektronische Fokussierhilfe eingesetzt: Der AF-Schalter des verwendeten EF-Objektivs befindet sich also in der »M«-Position. Der rechte Zeigefinger nimmt Druckpunkt am Auslöser, während mit der linken Hand das Objektiv fokussiert wird. Der gewünschte AF-Sensor (am besten der zentrale AF-Sensor) wird auf das Objekt gerichtet, auf das fokussiert werden soll. In der Position, die der korrekten Scharfeinstellung entspricht, leuchtet die grüne Leuchtdiode konstant auf (genauso wie beim AF-Betrieb).

Bei manueller Scharfeinstellung nach Sicht auf der Mattscheibe, ist das Sucherbild entscheidend für die genaue Fokussierung des Objektivs, und hat somit großen Einfluß auf die Bildschärfe. Das Sucherbild sollte möglichst hell und kontrastreich sein. Lichtstarke Objektive liefern bekanntlich ein helles Sucherbild. Das Sucherbild muß aber nicht nur hell und kontrastreich sein, sondern sollte vom Fotografen auch bei Fehlsichtigkeit scharf gesehen werden. Daher kann das Sucherokular der EOS 500N mit Korrektionslinsen auf die eigene Sehkraft oder Sehschwäche individuell und genau abgestimmt werden (Dioptrienausgleichslinsen). Verschiedene Aufnahmesituationen erfordern jedoch oft verschienene Einstellhilfen. Damit in jeder Aufnahmesituation eine optimale manuelle Scharfeinstellung möglich ist, bietet Canon verschienenes Sucherzubehör an: Bei Makro- und Reproaufnahmen, beim Fotografieren »um die Ecke«, aus Bodennähe oder über die Köpfe hinweg, bietet der Winkelsucher B eine willkommene Arbeitserleichterung für die manuelle Fokussierung. Der Winkelsucher B liefert ein seitenrichtiges, aufrechtstehendes Bild. Der Winkelsucher wird von unten auf die Okularfassung der Kamera geschoben, und läßt sich für Hoch- oder Querformataufnahmen drehen. Die Einstellupe S vergrößert die Mitte des Sucherbildes zweieinhalbfach, was das manuelle Fokussieren einfacher macht. Allerdings ist dabei nicht mehr das gesamte Sucherbild zu sehen, so daß auch die Sucheranzeigen nicht mehr abzulesen sind. Mit diesen Einstellhilfen kann mann, je nach Aufnahmebereich, die manuelle Scharfeinstellung erleichtern. Um den Suchereinblick vor starkem Seitenlicht zu schützen, werden verschiedene Augenmuscheln und Gummiaufsätze angeboten. Gerne werden die Augenmuscheln auch von Brillenträgern benutzt, um die Brillengläser vor Kratzern zu schützen. Allerdings können Augenmuscheln auch Abschattungen am Sucherrand verursachen, so daß Teile des Sucherbilds und der Sucheranzeigen nicht mehr zu sehen sind.

Naheinstellung auf unendlich

Die EOS 500N ist nicht nur mit Autofokus, sondern auch mit Schärfentiefenautomatik ausgestattet. Was will man mehr? Anspruchsvolle Fotografen und Fotografinnen sollten aber eine Möglichkeit kennenlernen, die mit der Schärfentiefenautomatik in dieser Form nicht zu realisieren ist: die maximale Ausdehnung der Schärfentiefe bei einer bestimmten Blende. Dieser »Trick« wird Naheinstellung auf unendlich genannt. Die sogenannte Naheinstellung auf unendlich setzt eine Schärfentiefenskala am Objektiv voraus, wie sie bei den meisten EF-Objektiven mit Festbrennweiten, und auch bei einigen Zoomobjektiven vorhanden ist. Was bedeutet nun diese Einstellung konkret, und wie läßt sie sich in der Praxis umsetzen?

Die größtmögliche Ausdehnung der Schärfentiefe wird erreicht in der sogenannten Naheinstellung auf unendlich, beziehungsweise auf die hyperfokale Distanz. Diese Einstellung ist bei Kleinbildkameras sehr wichtig, weil die Ausdehnung der Schärfentiefe nicht wie bei Fachkameras durch die Scheimpflug-Methode bestimmt werden kann (Kameraverstellungen). Die hyperfokale Distanz bezeichnet die Entfernung von der Kamera (Filmebene) bis zum Beginn des Schärfenraumes bei Einstellung auf unendlich und einer bestimmten Blende. Sie kann in Abhängigkeit von Brennweite, Blende und zulässigem Zerstreuungskreisdurchmesser mathematisch errechnet werden. Nehmen wir als Beispiel das Canon EF 1/50 mm L USM, daß über eine sehr gute Schärfentiefenskala verfügt. Bei 50 Millimeter Brennweite und Blende 16 liegt die hyperfokale Distanz bei 4,69 Meter. Das heißt, bei Einstellung auf unendlich und Blende 16 erstreckt sich beim 50er Objektiv die Schärfentiefe von 4,69 Meter bis unendlich. Wenn nun das Objektiv auf 4,69 Meter, also auf die hyperfokale Distanz eingestellt wird, dehnt sich die Schärfentiefe von 2,345 Meter bis unendlich aus. Im Fotoalltag hat man aber wohl kaum die Muße zu solchen Rechnungen, die man in dieser Genauigkeit auch nicht auf das Objektiv übertragen kann. In der Praxis kann der Fotograf jedoch folgendermaßen vorgehen: Wenn wir das oben geschilderte Beispiel aufgreifen, wird einfach das Unendlichsymbol (die Mitte der liegenden 8) auf die Markierung für Blende 16 auf der Schärfentiefenskala eingestellt. Abzulesen ist eine Schärfentiefe von zwischen 2 und 3 Meter bis unendlich. Wenn man das nachvollziehen will, wird man feststellen, daß die Marke für die Scharfeinstellung auf etwas unter 5 Meter zeigt (genau 4,69 Meter), also genau auf jenen Wert, der bei Einstellung auf unendlich, der Markierung für Blende 16 auf der Schärfentiefenskala entsprochen hat. In der Praxis können Sie mit dieser Einstellung die maximale Schärfentiefe sogar dann erreichen, wenn die Schärfentiefenautomatik (A-DEP) kapitulieren muß.

Mit der sogenannten Naheinstellung auf unendlich kann man die größtmögliche Ausdehnung der Schärfentiefe bei einer bestimmen Blende erreichen

Trotz Schärfentiefenautomatik lohnt es sich, die Naheinstellung auf unendlich näher kennenzulernen

Die Belichtungsmessung in der Praxis

Sie haben Sich bereits davon überzeugen können, daß die Canon EOS 500N sowohl für Fotoanfänger, als auch für gestandene Fotografen gleichermaßen gut geeignet ist. Darauf abgestimmt sind auch die drei, an bestimmte Programme gekoppelten Belichtungsmeßmethoden: Mehrfeldmessung, mittenbetonte Integralmessung und Selektivmessung. Für Blitzaufnahmen steht eine Blitzbelichtungsmessung mit vier Meßfeldern zur Verfügung, auf die wir bei der Blitzfotografie eingehen werden. Die AF-gekoppelte Mehrfeldmessung mit sechs Meßfelder ist die Grundeinstellung in allen Belichtungsautomatiken der EOS 500N. Damit können Sie sogar bei leicht erhöhten Motivkontrasten korrekt belichtete Fotos erhalten. Bei manueller Belichtungseinstellung lernen Sie die Vorzüge der mittenbetonten Integralmessung kennen. Und mit der Selektivmessung können Sie sogar schwierige Lichtsituationen in den Griff bekommen. Wie das am besten geschieht, erfahren Sie auf den nächsten Seiten. Natürlich können Sie die Belichtung von Standardmotiven unter gewöhnlichen Lichtverhältnissen getrost einer der TTL-Belichtungsautomatiken der EOS 500N überlassen. Aber wir möchten Ihnen auch das Know-how für anspruchsvolle Fotografie vermitteln, die sich üblicherweise in Motivsituationen abspielt, in denen jede TTL-Belichtungsmessung versagen muß. Beispielsweise bei hohen Motivkontrasten, wenn kaum noch Tageslicht vorhanden ist, oder wenn es darum geht, bewußt und gezielt Lichtstimmungen einzufangen und Lichtakzente zu setzen. Damit beginnt die bewußte, anspruchsvolle Fotografie. Und es wäre schade, wenn Sie die technischen Möglichkeiten der Kamera nicht voll ausschöpfen würden.

Die Mehrfeldmessung

Die Mehrfeldmessung ist die Standard-Meßmethode der Canon EOS 500N. Sie ist, von der manuellen Belichtungseinstellung (M) abgesehen, die Grundeinstellung sämtlicher Programme der EOS 500N. In der Programm-, Blenden-, Zeit- und Schärfentiefenautomatik kann die Mehrfeldmessung durch die Selektivmessung für eine Aufnahme, oder für eine Aufnahmeserie ersetzt werden. Ansonsten werden Sie aber mit der EOS 500N überwiegend mit Mehrfeldmessung fotografieren. Daher ist es wichtig, sowohl die Stärken, als auch die Schwächen dieser Meßmethode zu kennen.

Bei der Mehrfeldmessung der Canon EOS 500N ist die Meßzelle in sechs Meßfeldern aufgeteilt, die in Abhängigkeit vom jeweils aktiven Autofokus-Sensor gewichtet werden. Die Anordnung der drei zentralen Meßfelder entspricht der Lage der Auto-

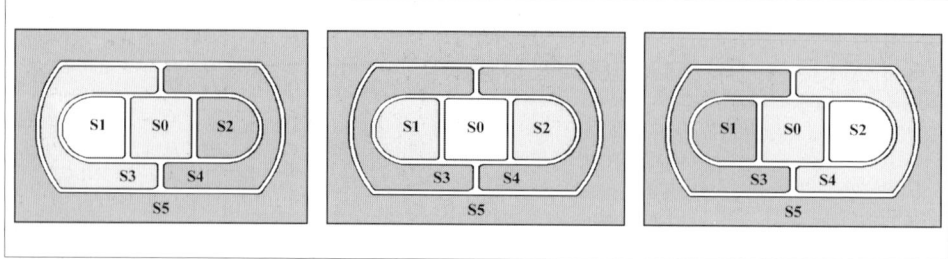

fokus-Sensoren. Zwei weitere Meßfelder umranden die drei zentralen Meßfelder. Das sechste Meßfeld besteht aus der übrigen Fläche (siehe Zeichnung). In der Praxis funktioniert das folgendermaßen: Dasjenige der drei zentralen Meßfelder, das dem aktiven AF-Sensor entspricht, gilt als Hauptmeßfeld. Es wird bei der Belichtungsmessung am stärksten gewichtet. Die zwei benachbarten Meßfelder, die an das jeweilige Hauptmeßfeld angrenzen, gelten als Nebenfelder und werden entsprechend gewichtet. Die übrigen drei Meßfelder gehen als sogenannte Peripheriefelder bei geringer Gewichtung in die Messung ein. Es bestehen somit drei autofokusabhängige Grundmuster für die Gewichtung der Belichtungsmeßfelder. Die Belichtungsmessung erfolgt separat in jedem der sechs Segmente. Die Daten über Motivkontrast und Helligkeitsverteilung werden vom Kameracomputer analysiert. Die Anzahl von sechs Meßsegmenten bei der EOS 500N genügt, um die Bildfläche ausreichend differenziert zu analysieren. Die Mehrfeldmessung der Kamera ist außerdem mit der Entfernungs-

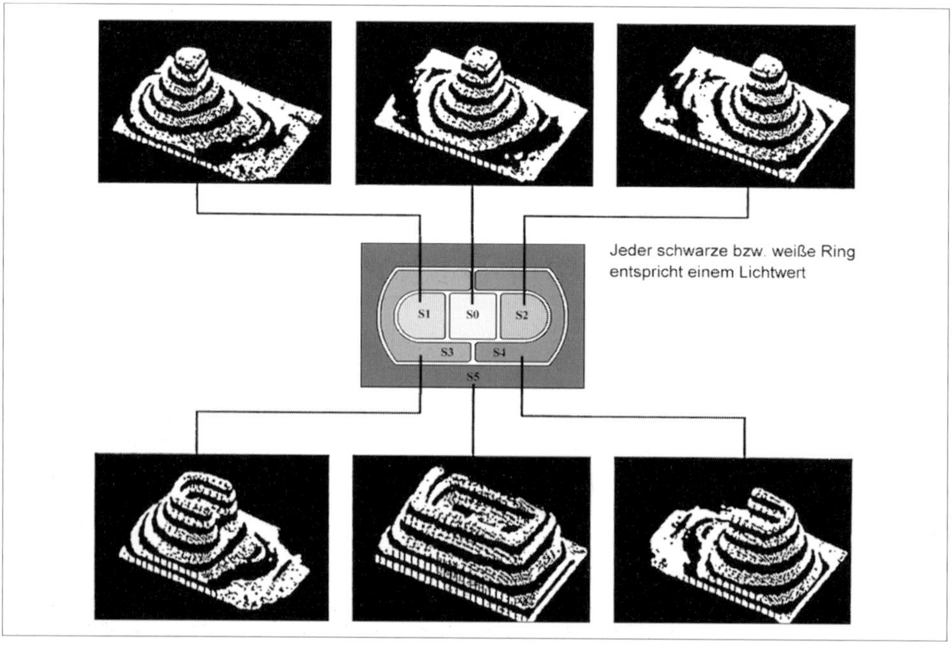

Schematische Darstellung der Gewichtung der einzelnen Meßzonen der Mehrfeldmessung in Abhängigkeit vom aktiven AF-Sensor (weiß)

Die Computergrafiken stellen die Meßcharakteristiken jeder der sechs einzelnen Meßzonen dreidimensional dar

Jeder schwarze bzw. weiße Ring entspricht einem Lichtwert

Korrekte Belichtung durch autofokusgekoppelte Mehrfeldmessung: Oben rechter AF-Sensor, unten linker AF-Sensor aktiv

einstellung gekoppelt, so daß die Motivteile stärker gewichtet werden, auf die scharfgestellt wurde. Die Mehrfeldmessung reagiert schnell auf veränderte Lichtsituationen, und ist auch bei leicht erhöhtem Motivkontrast recht zuverlässig. Bei hohen Motivkontrasten kann man sich in der Praxis auch auf diese Methode nicht immer verlassen. Zwar werden Gegenlichtsituationen, je nach flächenmäßiger Kontrastaufteilung des Motivs, mehr oder weniger korrigiert. Über das Ausmaß der Korrektur werden Sie jedoch nicht informiert. Daher wissen Sie während der Aufnahme nicht genau, ob die Mehrfeldmessung eine Gegenlichtsituation voll, oder nur teilweise korrigiert hat. Das kann bei einer manuellen Belichtungskorrektur mitunter recht problematisch sein, weil Sie das Ausmaß der erforderlichen Korrektur eigentlich nur schätzen können. Dennoch ist aber die autofokusgekoppelte Mehrfeldmessung der Canon EOS 500N eine ausgeklügelte Belichtungsmeßart, die in den meisten Situationen zuverlässig arbeitet. Sie ist vor allem für Fotoanfänger, Spiegelreflex-Einsteiger oder Technikmuffel gedacht. Aber auch erfahrene Fotografen wissen bei Standardmotiven und Schnappschüssen ihre Vorzüge zu schätzen.

Selektivmessung

Die Meßfläche der Selektivmessung ist durch die zentrale Kreismarkierung auf der Sucherscheibe angegeben

Die Selektivmessung ist eine professionelle Belichtungsmeßmethode, die eine gezielte Anmessung kleiner Motivdetails ermöglicht. Das Meßfeld für die Selektivmessung ist weitgehend identisch mit dem zentralen Kreis, der auf der Einstellscheibe der EOS 500N deutlich markiert ist (die äußere Kreislinie, nicht der schraffierte Kreis). Die Meßfläche entspricht etwa 9,5 Prozent des Sucherbildes. Die Selektivmessung kann in der Programm-, Blenden-, Zeit- und Schärfentiefeautomatik, sowie bei manueller Belichtungseinstellung durch Drücken der Selektivtaste (*) aktiviert werden. Dabei erscheint links im Sucherrahmen das entsprechende Symbol (*). Mit Ausnahme der Schärfentiefeautomatik, wird beim Antippen der Selektivtaste der gemessene Wert sofort gespeichert. Die Selektivtaste kann entweder vor, oder nach der Druckpunktnahme am Auslöser angetippt werden. Wichtig ist jedoch folgendes: Der zentrale Meßkreis ist vor dem Antippen der Selektivtaste auf die Fläche zu richten, die selektiv angemessen werden soll. Ansonsten wird der Wert der Fläche gespeichert, auf der sich der Selektivkreis zufällig befindet. Falls auf das angemessene Motivdetail (bei gleichem Bildausschnitt) auch fokussiert werden soll, kann man den Auslöser durchdrükken. Sollte aber auf ein anderes als das selektiv angemessene Motivdetail fokussiert werden, dann ist der Auslöser erst dann anzutippen, wenn der aktive AF-Sensor das gewünschte Detail erfaßt hat. Bei angetipptem Auslöser bleibt sowohl der selektiv gemessene Belichtungswert, als auch die Fokussierung gespeichert. Anschließend kann man den gewünschten Bildausschnitt in Ruhe wählen und auslösen. Der selektive Meßwert kann auch ohne Fokussierung gespeichert werden. Die Belichtungsspeicherung bleibt erhalten, so lange die Selektivtaste gedrückt wird. Die Selektivmessung wird aber kurzfristig automatisch gespeichert, und zwar für 4 Sekunden nach Loslassen der Selektivtaste. Serienaufnahmen mit Meßwertspeicherung sind ebenfalls möglich. Und das bei gedrückter Selektivtaste, beziehungsweise bei kontinuierlichem Druck auf den Auslöser. Ansonsten wird die Meßwertspeicherung entweder unmittelbar nach der Aufnahme, oder nach 4 Sekunden automatisch gelöscht. Durch die Meßwertspeicherung können Sie also ein Motiv gezielt anmessen, das sich außerhalb der Bildmitte befindet, und mit dem gemessenen Wert auslösen.

Korrekte Belichtung mit der Selektivmessung: Ersatzmessung auf die mittelgraue Mauer im Halbschatten und Meßwertspeicherung

Bei der Selektivmessung wird nur das durch den Meßkreis einfallende Licht für die Messung berücksichtigt. Der Meßkreisdurchmesser und das Verhältnis der Meßfläche zur Sucherfläche (9,5 %) bleiben bei jedem Objektiv unverändert. Allerdings verringert sich der Meßwinkel der Selektivmessung proportional zum Bilwinkel des jeweiligen Objektivs. Der Meßwinkel wird also mit zunehmender Brennweite enger, und mit abnehmender Brennweite weiter. Die Selektivmessung ermöglicht ein gezieltes Anmessen bildwichtiger Details, und eignet sich daher sehr gut für Motive mit hohem Kontrastumfang, Gegenlichtsituationen, Objekte vor sehr hellem oder sehr dunklem Hintergrund und für andere schwierigen Lichtsituationen.

Mit der Selektivmessung kann man bestimmte Motivdetails gezielt anmessen und sogar hohe Motivkontraste oder Gegenlicht belichtungstechnisch in den Griff bekommen

Mittenbetonte Integralmessung

Bei der EOS 500N kann die mittenbetonte Integralmessung ausschließlich bei manueller Belichtungseinstellung (M) eingesetzt werden. Dabei wird die Belichtung auf der gesamten Bildfläche gemessen, wobei die Bildmitte stärker berücksichtigt wird. Die Integralmessung ist gut geeignet für Motive mit normalem Kon-

Aufgrund der Raumdominanz der mittelgrauen Flächen (Kloster, Wald), liefert die mittenbetonte Integralmessung die korrekte Belichtung

trastumfang, keinen großen Farbgegensätzen und gleichmäßiger Verteilung der hellen und dunklen Flächen. Die Integralmessung arbeitet nicht so differenziert wie die Mehrfeldmessung, dafür können Sie aber mit etwas Erfahrung ihre Wirkung genauer beurteilen. Die Inegralmessung eignet sich hervorragend für bewußt und kontrolliert abweichende Belichtungen.

Manuelle Belichtungskorrektur (Override)

Manuelle Belichtungskorrekturen erlauben Eingriffe in die automatische Belichtungssteuerung, ohne den Automatikkomfort zu beeinträchtigen

Die manuelle Belichtungskorrektur bietet Ihnen die Möglichkeit, in die Belichtugnsautomatik der Kamera einzugreifen, ohne den Automatikkomfort einzubüßen. Bei der EOS 500N ist eine manuelle Belichtungskorrektur (Override) im Bereich von +- 2 Lichtwerten in halben Stufen möglich. Die Belichtungskorrektur kann praktisch bei Mehrfeldmessung in der Programm-, Blenden-, Zeit- und Schärfentiefenautomatik durchgeführt werden. Bei Selektivmessung macht eine Belichtungskorrektur wenig Sinn, weil mit dieser Meßmethode gezielt gemessen wird. Die Belichtungskorrektur macht aber sehr wohl einen Sinn in der Blitzfotografie. In den entsprechenden Programmen (P, Tv, Av und A-DEP) kann man die Belichtungskorrektur auch bei ausgeklapptem Blitz eingeben. Die Korrektur kann sowohl vor, als auch nach dem Antippen des

Auslösers eingegeben werden. Dafür genügt es, die entsprechende Taste (Av +/-) mit dem rechten Daumen zu drücken, und mit dem Einstellrad den gewünschten Korrekturwert auf der Skala einzustellen. Die Skala und der Korrekturwert sind sowohl auf dem externen Datenmonitor, als auch im Sucher zu sehen.

Belichtungskorrekturen sind erforderlich bei sehr hohem Motivkontrast, bei starkem Gegenlicht, oder wenn eine besondere Lichtstimmung eingefangen werden soll. Am Meer, bei sehr hellen Motiven, bei Schneelandschaften, in Gegenlichtsituationen, bei kontrastarmen Aufnahmen bei trübem Wetter ist, je nach Lichtverhältnisse, eine Belichtungskorrektur von +1/2 bis +2 EV erforderlich. Sehr dunkle Motive verlangen dagegen eine Minus-Korrektur. Vorsicht ist jedoch bei Nachtaufnahmen, oder Aufnahmen in der Dämmerung geboten. Theoretisch müsste auch hier eigentlich eine Belichtungskorrektur nach Minus erfolgen. Doch wenn längere Verschlußzeiten als 1 Sekunde gemessen werden, macht sich der Schwarzschildeffekt bemerkbar, so daß ein Belichtungkorrektur von +2 EV sicher nicht übertrieben ist.

Die hohen Motivkontraste zwischen Himmel und Vordergrund können die Mehrfeldmessung täuschen. Eine leichte Unterbelichtung ist die Folge hat (Abb. oben). Eine manuelle Belichtungskorrektur von +1 EV führt zur tonwertrichtigen, korrekten Belichtung (Abb. unten)

Daß Belichtungskorrekturen im Zusammenhang mit der Mehrfeldmessung mitunter problematisch sein können, haben wir bereits weiter oben festgestellt. Der Fotograf oder die Fotografin kann nämlich nicht genau wissen, in welchem Ausmaß die Kamera eine heikle Belichtungssituation bereits korrigiert hat. Manuelle Belichtungskorrekturen sind aber dennoch, oder gerade auch bei Mehrfeldmessung zu empfehlen, weil sie, vor allem bei Dia-Aufnahmen, die Belichtungssicherheit erhöhen.

Belichtungsmessung aufgeschlüsselt

Wie wir im Verlauf dieses Kapitels festgestellt haben, verfügt die Canon EOS 500N über ein hervorragendes Belichtungsmeßsystem. Aber wir haben auch die systembedingten Grenzen kennengelernt. Um diese Grenzen zu überwinden, und um bewußt, gezielt belichten zu können, ist es erforderlich, die »Arbeitsweise«

eines Belichtungsmessers zu kennen. Jedes Belichtungsmeßsystem, ob als Handbelichtungsmesser oder als TTL-Messung ausgelegt, ob für Spot-, Selektiv-, Mehrfeld- oder Integralmessung, ob für Objekt-, Dauerlicht- oder Blitzlichtmessung konzipiert, mißt die auf die Meßfläche einfallende Lichtmenge. Die TTL-Messung (TTL = Through The Lens) ist eine Objektmessung durch das Objektiv, bei der das vom Objekt in Aufnahmerichtung reflektierte oder remittierte Licht gemessen wird. Dabei kann die TTL-Messung aber nicht unterscheiden, ob eine gleiche Lichtmenge von einem dunklen Objekt bei großer Beleuchtungsstärke, oder von einem hellen Objekt bei geringer Beleuchtungsstärke reflektiert wird. Bildergebnisse, bei denen eine weiße Fläche grau, genau genommen mittelgrau, wiedergeben wird, kennt jeder Fotograf. Dasselbe gilt für die unkorrigierte Aufnahme einer Schwarzen Fläche, die ebenfalls grau (eigentlich genauso grau wie die weiße Fläche) wiedergegeben wird. Das ist darauf zurückzuführen, daß sämtliche Belichtungsmesser auf dieses Mittelgrau geeicht sind. Das Mittelgrau, auch Standardgrau genannt, entspricht einer Objekthelligkeit, die von einer 18-prozentigen Remission (=diffuse Reflexion) hervorgerufen wird. Eine Remission von 18 Prozent (eigentlich 17,68 Prozent) kommt dem logarithmischen Mittelwert zwischen weiß und schwarz gleich. Sämtliche Belichtungsmesser sind also darauf geeicht, jede angemessene Fläche im Positiv als Standardgrau wiederzugeben. Das zu wissen, ist unerläßlich für die Fotopraxis. Es erklärt auch, warum helle Motive unterbelichtet, und dunkle Motive überbelichtet werden, wenn man den vom TTL-Belichtungsmesser ermittelten Wert unkorrigiert übernimmt. Bei sehr hellen oder sehr dunklen Flächen, kann also auch die autofokusgekoppelte Mehrfeldmessung zu Fehlbelichtungen führen. Das gilt für sämtliche Meßsysteme, von der Anfängerkamera bis zur Profimaschine.

Jeder Belichtungsmesser ist auf Mittelgrau geeicht, so daß jede Fläche, unabhängig von ihrer Farbe oder Helligkeit, als mittelgraue Fläche wiedergegeben wird, wenn man den unkorrigierten Wert der Belichtungsmessung übernimmt

Die hohe Schule der Belichtungsmessung

Trotz hochentwickelter Belichtungssysteme, setzt die bewußte, gezielte Belichtungsmessung einige theoretische Kenntnisse voraus. Durch die Eichung sämtlicher Belichtungsmeßsysteme auf Mittelgrau bedingt, können auch bei scheinbar unproblematischen Motiven Fehlbelichtungen entstehen. Zunächst ist davon auszugehen, daß bei den meisten Durchschnittsmotiven mit normalem Kontrastumfang, keinen großen Farbgegensätzen, sowie gleichmäßiger Verteilung der hellen und dunklen Flächen, der von der TTL-Messung (eigentlich unabhängig von der Meßmethode) ermittelte Wert, dem Standardgrau mit 18 Prozent Remission weitgehend entspricht. Diese Motive werden von der TTL-Messung korrekt belichtet. Wenn aber die hellen und dunklen Flächen in einem Motiv ungleichmäßig verteilt sind, oder unterschiedlich große Flächenanteile aufweisen, kann die Integral- und sogar die Mehrfeldmessung zu falschen Meßergebnissen führen. Außer-

Auch bei normalem Kontrastumfang kann, je nach Verteilung der hellen und dunklen Flächen im Motiv, sogar die Mehrfeldmessung getäuscht werden

dem kann selbst bei normalem Kontrastumfang die Mehrfeld- oder die Integralmessung überfordert sein, wenn die einzelnen Helligkeitswerte nicht um die Mitteltöne gruppiert sind. Das kann zum Beispiel folgendermaßen aussehen: Ein Durchschnittsmotiv mit einer relativ gleichmäßigen Verteilung der hellen und dunklen Flächen, bei dem die Horizontlinie geringfügig über die Bildmitte plaziert ist, weist einen Kontrastumfang von 5 Lichtwerten auf. Bei stets gleichbleibender Blende 8 zeigt die Selektivmessung 1/15 Sekunde für die dunkelste Stelle im Vordergrund, und 1/500 Sekunde für die hellste Stelle in den Wolken. Nun ist theoretisch ein Objektumfang von 5 Lichtwerten bei recht gleichmäßiger Flächenaufteilung sowohl von der Integralmessung, als auch von der Mehrfeldmessung bei Belichtung auf Farbdiafilm zu bewältigen. Doch die nach der Mehrfeldmessung mit 1/180 Sekunde belichtete Aufnahme ist um etwa eine Stufe unterbelichtet. Warum? Weil die Helligkeitswerte für den Vordergrund im Bereich der mittleren, die des Himmels im Bereich der hellen Töne angesiedelt sind, und der von der Mehrfeldmessung ermittelte Wert folglich zwischen den mittleren und den hellen Tönen liegt. Das führt zwangsläufig zur Unterbelichtung. Wenn man das vermeiden will, muß der gemessene Wert um etwa +1 EV korrigiert werden. Auch könnte man die Kamera weiter nach unten neigen, so daß mehr Vordergrund in die Messung eingeht, und dann mit diesem Wert beim ursprünglichen Bildausschnitt auslösen. Doch die Neigung der Kamera führt zu einer recht ungenauen Messung, die selten eine ausgewogene Belichtung zur Folge hat. Die Gruppierung der

Mit etwas Erfahrung und theoretischen Kenntnissen, kann man die gewünschte Lichtstimmung "einfangen". Hier führte eine Zweipunkt-Kontrastmessung zum Erfolg: Mittelwertbildung aus der Selektivmessung des hellen Altars und der dunklen Bänke im Vordergrund

Wenn der Motivkontrast den Kontrastumfang des Filmes überschreitet, können die Aufhellblitztechnik oder ein neutrales Verlauffilter bedingt Abhilfe schaffen

66

Gegenlichtaufnahmen so wiedergeben, daß eine bestimmte Lichtstimmung erhalten bleibt, ist schwierig. Selektivmessung auf die graue Kirchenwand war hier die geeignete Meßart

Helligkeitswerte kann sowohl Mehrfeld- als auch die Integralmessung irreführen. Wer eine genaue Belichtungsmessung wünscht, muß sogar in unserem einfachen Beispiel eine andere Meßmethode einsetzen. Denkbar wäre eine selektive Ersatzmessung (Selektivmessung) auf eine geeignete Fläche. Erfahrene Fotografen wissen aber, daß beispeilsweise grünes Gras etwa halb so viel Licht reflektiert, wie die Standardgraukarte mit 18 Prozent Remission. In deisem Fall müsste man eine Stufe knapper belichten, als der Wert der Ersatzmessung für das Gras. Eine Belichtung mit diesem Wert, hier 1/30 Sekunde, würde aber eine zu helle Wiedergabe des Himmels bewirken. In solchen Fällen ist eine Zweipunktmessung die richtige Meßmethode. Mit der Selektivmessung wird die hellste und die dunkelste Stelle im Motiv angemessen, die im Dia noch Zeichnung aufweisen sollen. Daraus wird ein Mittelwert gebildet, der zu einer ausgewogenen Belichtung führt. In unserem Beispiel würde man eine Messung auf die Wolken (1/500) und eine auf die dunkelste Stelle der Wiese (1/15) vornehmen. Der errechnete Mittelwert liegt bei 1/90 Sekunde. Nur dieser Belichtungswert führt zu einer ausgewogenen Belichtung auf Diafilm, bei der sowohl die Schatten, als auch die Lichter noch Zeichnung aufweisen.

Problematisch wird es, wenn der Motivkontrast den Kontrastumfang des Filmes überschreitet. Das ist bei starkem Gegenlicht fast immer der Fall, so daß der Fotograf die Wahl hat, entweder auf die Lichter, oder auf die Schatten zu belichten, was nicht gerade zu einem ausgewogenen Bild führt. Wenn das Hauptmotiv nahe genug an der Kamera plaziert ist, kann das Aufhellblitzen hilfreich sein. Wenn aber der gesammte Vordegrund das Hauptmotiv ist, hilft nur noch ein neutrales Verlauffilter. Oder die Gradationsbeugung durch Vorbelichtung. Dabei wird durch eine unterschwellige Vorbelichtung der Kontrastumfang des Filmes erweitert. Um die komplizierten Messungen und Rechnungen zu umgehen, können Sie, vereinfacht dargestellt, folgendermaßen vorgehen: Zuerst eine zweifache Mehrfachbelichtung einstellen. Dann mit kleiner Blende (22 oder 32) und kurzer Verschlußzeit (1/2000 s) bei manueller Belichtungseinstellung eine Aufnahme machen. Dabei sollten Sie das Objektiv auf unendlich manuell einstellen und aus etwa 5 bis 10 Zentimeter Entfernung eine gleichmäßige helle Fläche fotografieren (DIN-A4-Blatt, Wand). Anschließend bei der Zweitbelichtung das gewünschte Motiv wie üblich fotografieren. Das ist eine brauchbare, aber eine sehr vereinfachte Darstellung der Gradationsbeugung in der Praxis.

Jenseits der Belichtungsmessung

Die EOS 500N ist mit einem empfindlichen, hochmodernen, computergesteuerten Belichtungsmeßsystem ausgestattet. Trotzdem gibt es Motive, wie beispielsweise Gewitterblitze oder Feuerwerk, die nicht angemessen werden können. Hier hilft nur die Erfahrung.

Aufnahmen mit 4s (unkorrigierter Wert der Automatik, oben), 15 Sekunden (mitte) und 30 Sekunden (unten)

Um Gewitterblitze bei Dunkelheit zu fotografieren, stellen Sie (bei manueller Belichtungseinstellung und ohne AF) den Verschluß auf »B«, und warten solange, bis die Blitze -hoffentlich nicht in die Kamera- einschlagen. Bei Feuerwerkaufnahmen genügen oft 5 bis 15 Sekunden. Die Blende richtet sich in beiden Fällen nach der Filmempfindlichkeit.

Vorsicht ist jedoch bei beleuchteten Nachtszenen, oder bei Aufnahmen in der Dämmerung geboten, wenn der Belichtungsmesser längere Verschlußzeiten als 1 Sekunde anzeigt. Theoretisch müsste eigentlich eine Belichtungskorrektur nach Minus erfolgen (dunkles Motiv). Doch wenn längere Verschlußzeiten als 1 Sekunde gemessen werden, macht sich der Schwarzschildeffekt (Langzeiteffekt) bemerkbar, so daß eine Belichtungkorrektur nach Plus angebracht ist. Auf jeden Fall sind bei Nachtszenen Belichtungsreihen empfehlenswert. Wirkungsvoll sind auch Langzeitbelichtungen mit der sogenannten »TTL-Aufhellblitztechnik« im Motivprogramm für Nachtaufnahmen. Wenn aber das Hauptmotiv relativ weit von der Kamera entfernt, und außerdem von Dunkelheit umgeben ist, hilft auch keine TTL-Blitzbelichtungsmessung mehr, sondern nur noch die Erfahrung - und auch die sollte durch flankierende Belichtungen »unterstützt« werden. In der Praxis können Sie folgendermaßen vorgehen: Kamera auf ein Stativ befestigen und lange Verschlußzeiten einstellen (15 oder 30 Se-

kunden). Mit einem leistungsstarken Aufsteckblitz aus der Hand mehrmals mit voller Leistung in Richtung Hauptobjekt zünden. Machen Sie mehrere Aufnahmen mit verschiedenen Verschlußzeiten und unterschiedlicher Anzahl der manuell gezündeten Blitze. Sie werden über die Bildergebnisse staunen.

Die Belichtungsreihenautomatik

Die eingebaute Belichtungsreihenautomatik der EOS 500N ist die bequemste Art und Weise, flankierende Belichtungen zu erhalten

Erfreulicherweise ist die Canon EOS 500N mit einer Belichtungsreihenautomatik (AEB= Automatic Exposure Bracketing) ausgestattet - einer Funktion, die sonst nur in wesentlich teureren Kameras zu finden ist. Sie liefert, auch bei korrekter Analyse der Motiv- und Lichtsituation, eine zusätzliche Belichtungssicherheit. Belichtungsreihen sind flankierende Belichtungen, bei denen vom gemessenen Wert ausgehend, eine Serie von Aufnahmen gemacht wird, die in gleichmäßigen Belichtungsstufen sowohl in Richtung Unter-, als auch Überbelichtung vom ursprünglich gemessenen Belichtungswert abweichen. Die Belichtungsreihenautomatik der EOS 500N liefert zusätzlich zur korrekten Belichtung

Belichtungsreihen können auch mit der manuellen Belichtungskorrektur oder bei manueller Belichtugnseinstellung durchgeführt werden

je eine Unter- und eine Überbelichtung. Die Belichtungsreihe besteht also aus drei Aufnahmen. Die Abstände zwischen den flankierenden Belichtungen können Sie im Bereich von +2 EV bis -2 EV in halben Stufen eingeben. Empfehlenswert ist folgende Vorgehensweise: Die Funktionstaste (FUNC.) sooft antippen, bis auf dem externen Datenmonitor der Funktionspfeil die unterste Stelle erreicht (mit drei ineinandergreifenden Bildern symbolisch dargestellt). Auf dem Datenmonitor erscheint rechts oben »0.0« und unten die Skala für die Belichtungskorrektur. Nun können Sie mit dem Einstellrad den Abstand der flankierenden Belichtungen einstellen. Der Abstand ist auf dem Datenmonitor sowohl in Zahlen, als auch als Skalaanzeige zu sehen. Die Einstellung wird entweder durch Antippen des Auslösers, oder nach 4 Sekunden automatisch übernommen. Die Abstände der flankierenden Belichtungen werden auch im Sucher angezeigt. Um die Belichtungsreihenautomatik zu löschen, muß wieder der Wert »0.0« auf dem Datenmonitor eingestellt, oder das Programmwahlrad in eine

Position des Motivbereichs oder der Vollautomatik gedreht werden. Die Belichtungsreihenautomatik wird auch beim Einsatz des Kamerablitzes oder eines Aufsteckblitzes gelöscht.

Auf dem externen Datenmonitor und im Sucher werden auf der Belichtungskorrekturscala also drei Markierungen angezeigt. Beim Antippen des Auslösers erscheint aber nur noch eine Markierung als Hinweis auf die nächste Aufnahme. Dadurch wissen Sie immer, ob die korrekte, die unter- oder überbelichtete Aufnahme als nächste durchgeführt wird. Die Aufnahmen werden in folgender Reihenfolge gemacht: Zunächst entsteht die korrekt belichtete, dann die unter- und schließlich die überbelichtete Aufnahme. Die Belichtungsreihenautomatik funktioniert in der Programm-, Zeit-, Blenden- und Schärfentiefenautomatik, sowie bei manueller Belichtungseinstellung. In P, Tv, Av und M arbeitet die Belichtungsreihenautomatik mit Serienbildschaltung. In A-DEP dagegen nur mit Einzelbildschaltung, wobei der Auslöser dreimal gedrückt werden muß. Wichtig ist auch die Möglichkeit, die Belichtungsreihenautomatik mit der manuellen Belichtungkorrektur zu kombinieren. Denn zum Beispiel bei Gegenlicht sind keine Minus-, sondern nur Plus-Korrekturen sinnvoll. Durch Kombination der manuellen Belichtungkorrektur mit der Belichtungsreihenautomatik kann die Anzahl der flankierenden Belichtungen erhöht werden. Bei manueller Belichtungseinstellung können sowohl die Anzahl, als auch die Abstände der flankierenden Belichtungen praktisch beliebig erweitert werden. In der Praxis hat sich folgende Vorgehensweise bewährt. Bei Negativfilmen werden, zusätzlich zum gemessenen Wert, zwei Belichtungen mit einer Abweichung von +1 und -1 EV vorgenommen. Bei Diafilmen kann die Belichtungsreihe mit einem Unterschied von je einer halben Stufe durchgeführt werden: -0,5, 0,

Belichtungsreihen sind keine "Schrotflintentechnik": Weil die korrekte Belichtung nicht immer die stimmungsvollere ist, können nur fein abgestufte flankierende Belichtungen zur gewünschten Bildaussage führen

Die Reihenfolge der Belichtungsreihenautomatik: normale Belichtung, Unterbelichtung, Überbelichtung. Hier wurde ein Abstand von einer Stufe zwischen den flankierenden Belichtungen gewählt

+0,5. Bei wichtigen Motiven oder bei Auftragsarbeit kann man die Belichtungsreihe im Bereich von +3 bis -2 in halben Stufen erweitern. Für Belichtungsreihen, bei denen alle Aufnahmen mit der gleichen Blende aufgenommen werden müssen, arbeitet man in der Zeitautomatik mit Blendenvorwahl, oder bei manueller Belichtungseinstellung. Sollte aber die Verschlußzeit bei den flankierenden Belichtungen identisch sein, dann empfiehlt sich die Blendenautomatik mit Zeitvorwahl oder die manuelle Belichtungseinstellung.

Zu Seite 71:
Sogar bei einem so einfachen Motiv können Belichtungsreihen hilfreich sein, denn schon bei einer Unterbelichtung von 0,5 EV würde die Brillanz verloren gehen, bei einer Überbelichtung von 0,5 EV würde die Farbsättigung beeinträchtigt werden

Linke Seite
Bei Aufnahmen mit extremen Weitwinkelobjektiven werden oft große Motivbereiche mit extremen Kontrastunterschieden erfaßt, so daß eine manuelle Belichtungskorrektur öffters als man zunächst vermuten würde, angebracht ist. In unserem Beispiel war eine Korrektur von +1,5 EV für eine tonwertrichtige Farbwiedergabe erforderlich

Die hier beschriebenen Belichtungsreihen haben nichts mit dem sogenannten »Schrotflintenverfahren« zu tun, bei dem man mehrere Aufnahmen macht, in der Hoffnung, daß eine schon gelingen wird. Die Belichtungsreihen sind auch für gestandene Fotografen, nicht nur bei schwierigen Lichtverhältnissen, oft die einzige Möglichkeit, auf einen halben Lichtwert genau belichtete Aufnahmen zu erhalten. Diese Arbeitsweise ist auch bei Profifotografen weitverbreitet, zumal das Filmmaterial das billigste Glied in einer Produktionskette ist. Fein abgestufte Belichtungsreihen sind unerläßlich für Fotografen, die nicht nur an ihre Ausrüstung, sondern auch an die Bildergebnisse höchste Ansprüche stellen. Besonders wichtig ist das bei der Arbeit mit Diafilm. Das kann an einigen Beispielen aus dem Fotoalltag veranschaulicht werden: Ein Dia, daß mit einem Projektor mit 150 Watt Lampe projeziert wird, sollte eine Nuance heller sein, als ein Dia, daß für die Projektion mit einem 250 Watt Projektor bestimmt ist. Ein Dia, das für eine Veröffentlichung in der Lithoanstalt mit einem Scanner abgetastet werden muß, sollte etwa eine halbe Stufe heller sein, als ein für die Diaschau bestimmtes Diapositiv. Außerdem ist das korrekt belichtete Bild nicht immer das mit der ausdrucksstärksten Stimmung. Und denken Sie daran, daß nicht nur bei Fotoaufträgen, sondern auch bei einer Urlaubsreise das Filmmaterial das billigste Glied in der Kette ist.

Die Blitzfotografie in der Praxis

Die Canon EOS 500N verfügt über eine TTL-Blitzsteuerung vom
Feinsten. Vor allem in Verbindung mit den Systemblitzgeräten
Speedlite 220EX und 380EX sind eine Reihe von neuartigen
Blitzfunktionen möglich, die auch bei wesentlich teureren Kamera
in dieser Form nicht zu finden sind. Dazu zählen autofokusgekoppelte E-TTL-Steuerung für ausgewogene Balance zwischen Blitz-
und Dauerlicht, Blitzmeßwertspeicherung, oder Kurzzeitsynchronisation. Die A-TTL-Blitzsteuerung, bei der neben dem Blitzlicht
auch das Dauerlicht (Umgebungslicht) gemessen wird, ist mit
systemkonformen Blitzgeräten, wie den Canon Speedlites 300EZ,
420EZ, 430EZ oder 540EZ möglich. Der eingebaute, herausklappbare Kamerablitz und die Systemblitze Speedlite 160E,
200E und ML-2 arbeiten mit einfacher TTL-Steuerung. Dank der
ausgeklügelten Blitzsteuerung, ist bei der EOS 500N das Fotografieren mit Blitzlicht genauso einfach, wie das Fotografieren bei
Dauerlicht - vorausgesetzt, Sie beachten die nachfolgend behandelten Aspekte.

Die TTL-Blitzsteuerung

Bei der einfachen TTL- und der A-TTL-Steuerung, funktioniert die
Blitzbelichtungsmessung der Canon EOS 500N nach dem Prinzip
der Innenmessung des von der Filmfläche reflektierten Lichtes.

*Die Meßzelle für die TTL-
Blitzbelichtungsmessung
ist in vier Meßsegmen-
ten aufgeteilt, die paar-
weise an die drei AF-
Sensoren gekoppelt sind*

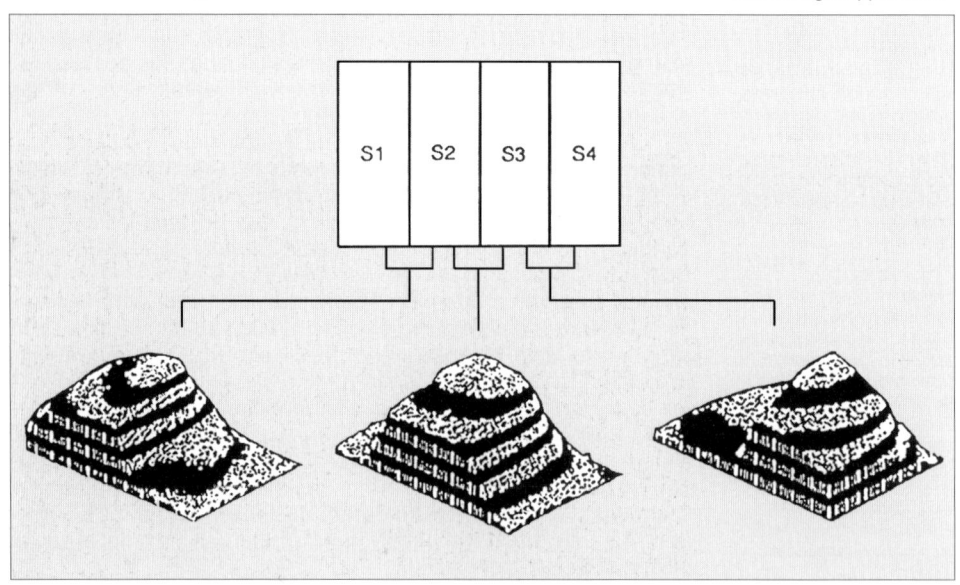

Dank einer ausgeklügelten TTL-Blitzsteuerung ist die Blitzfotografie mit der EOS 500N genauso einfach und sicher, wie das Fotografieren bei Tageslicht

Die im Kameraboden separat angeordnete Meßzelle ist in vier senkrechte Meßsegmente eingeteilt, die paarweise an die drei AF-Sensoren gekoppelt sind: Die mittleren zwei Meßfelder entsprechen dem zentralen AF-Sensor, die beiden rechten Meßfelder dem rechten AF-Sensor und die beiden linken Meßfelder dem linken AF-Sensor (siehe Zeichnung). Dadurch ist eine Autofokusabhängige Blitzbelichtungsmessung möglich. Sie verhindert, daß nahe gelegene Objekte, auf die fokussiert wird, durch eine zu starke allgemeine Blitzausleuchtung »ausbleichen«. Die Aufteilung der Meßsegmente bei der Blitzbelichtungsmessung gilt sowohl für den Einsatz des eingebauten Blitzes, als auch für die systemkonformen Aufsteckblitze. Die E-TTL-Blitzsteuerung funktioniert ähnlich, aber mit zwei entscheidenden Unterschieden: Das Blitzlicht wird mit den EX-Speedlites anhand eines Meßblitzes von einer Sechs-Feld-Messung direkt ermittelt. Dadurch wird sowohl das Hauptmotiv, als auch der Hintergrund ausgewogen belichtet. Die Blitzaufnahmen wirken natürlich. Die kürzeste Blitzsynchronzeit der Canon EOS 500N ist die 1/90 Sekunde (mit den Speedlites 220EX und 380EX sogar 1/2000 Sekunde). Die Bulb-Einstellung (B) ist ebenfalls blitzsynchronisiert.

Das eingebaute Blitzgerät

Das eingebaute, herausklappbare Blitzgerät der Canon EOS 500N ist mit Leitzahl 12 bei ISO 100/21° zwar nicht sehr leistungsstark, dafür aber stets einsatzbereit. Der Kamerablitz hat einen feststehenden Reflektor, der den Bildwinkel eines 28 mm-Objektivs ausleuchtet. Die volle Aufladezeit wird von Canon mit etwa 2 Sekunden angegeben. Ein Blitz-Piktogramm links im Sucher zeigt die Blitzbereitschaft an. In der »grünen« Vollautomatik und den Motivprogrammen für Porträt-, Nah- und Nachtaufnahmen wird

Stets einsatzbereit: Vor allem bei kürzeren Aufnahmeentfernungen und bei Detailaufnahmen leistet der Kamerablitz gute Dienste

das eingebaute Blitzgerät bei schwachem Umgebungslicht, oder starkem Gegenlicht automatisch gezündet (springt vorher automatisch heraus). In den Motivprogrammen für Landschafts- und Sportaufnahmen ist keine Blitzfotografie möglich. In der Programm- Zeit und Blendenautomatik, sowie bei manueller Belichtungseinstellung zündet das eingebaute Blitzgerät immer, wenn es per Tastendruck herausgeklappt wurde. Falls der Blitz nicht mehr benötigt wird, muß er in jedem Programm per Hand hereingedrückt werden. Auch in der Schärfentiefenautomatik kann der Kamerablitz zwar ausgefahren und gezündet werden, allerdings wird dann die A-DEP-Funktion außer Kraft gesetzt, und die Kamera arbeitet wie in der Programmautomatik. Die Funktion zur Reduzierung des »Rote-Augen-Effekts« kann in jedem Programm aktiviert werden, macht aber nur bei Porträtaufnahmen einen Sinn.

Wir haben eingangs angedeutet, daß der Kamerablitz mit Leitzahl 12 bei ISO 100/21° nicht sehr leistungsstark ist, die Reichweite beträgt wenige Meter. Für Porträt- und Partyaufnahmen reicht sie aber allemal aus. Auch Statuen in Kirchen und Museen, oder kleinere Stilleben und Detailaufnahmen können damit fotografiert werden. Wenn das eingebaute Blitzgerät für bestimmte Aufnahmen zu schwach sein sollte, können Sie entweder einen höherempfindlichen Film, oder eines der Speedlite-Blitzgeräte verwenden. Das eingebaute Blitzgerät kann aber nicht zusammen mit Aufsteckblitzen eingesetzt werden. Außerdem kann es vorkommen, daß bestimmte Sonnenblenden, sowie Objektive mit langer Brennweite oder großer Anfangsöffnung (Zooms und Festbrennweiter) einen Teil des Leuchtwinkels abschatten. Im Zweifelsfall sollten Sie beim Einsatz des eingebauten Blitzgerätes keine Sonnenblende am Objektiv verwenden. Die von der Gegenlichtblende oder dem Objektiv verursachte Abschattung ist an einem mehr oder weniger großen dunklen Halbkreis in der unteren Bildhälfte zu sehen (das Bild entsteht bekanntlich seitenverkehrt und kopfstehend in der Kamera). Richtig eingesetzt, kann Ihnen der Kamerablitz, trotz seiner geringen Leistung, zu sehr guten Blitzaufnahmen verhelfen.

Das eingebaute, ausklappbare Blitzgerät hat die Leitzahl 12 und leuchtet den Bildwinkel eines 28 mm-Objektives aus

Blitzfotografie in der Vollautomatik und den Motivprogrammen

Blitzfotografie ist nur in der »grünen« Vollautomatik und den Motivprogrammen für Porträt-, Nah- und Nachtaufnahmen, nicht aber im Landschafts- und Sportprogramm möglich. Das gilt sowohl für den Kamerablitz, als auch für systemkonforme Aufsteckblitze. In der »grünen« Vollautomatik und den Motivprogrammen für Porträt-, Nah- und Nachtaufnahmen wird das eingebaute Blitzgerät beziehungsweise der Aufsteckblitz bei schwachem Umgebungslicht oder starkem Gegenlicht automatisch gezündet. Der

In der Vollautomatik und den Motivprogrammen kann man sich auf die Blitzautomatik voll verlassen

Kamerablitz springt bei Bedarf automatisch heraus. Falls Sie die Aufnahme aber doch lieber ohne Blitz machen möchten, drücken Sie den Kamerablitz vor dem Auslösen einfach wieder herein. Von diese »negativen« Möglichkeit abgesehen, kann die Blitzsteuerung in der Vollautomatik, dem Nahaufnahmen- und dem Porträtprogramm nicht beeinflußt werden. Die Funktion zur Reduzierung des »Rote-Augen-Effekts« kann jederzeit aktiviert werden, ist aber nur im Porträtprogramm sinnvoll.

Blitztechnik in der Programmautomatik

Blitzfotografie ist in der Programmautomatik genauso einfach, wie in der Vollautomatik. Das gilt sowohl für das eingebaute Blitzgerät, als auch für systemkonforme Aufsteckblitzgeräte. Der Kamerablitz muß per Tastendruck manuell hochgeklappt werden. Bei eingeschaltetem Blitzgerät (Kamera- oder Aufsteckblitz) wird die durchgeführte Programmverschiebung wieder rückgängig gemacht. Die EOS 500N steuert in der Programmautomatik bei aktiviertem Blitzgerät immer die kürzeste Blitzsynchronzeit von 1/90 Sekunde. Die Blende wird ebenfalls automatisch gesteuert. Die Blitzbelichtung wird automatisch auf das Objekt abgestimmt, auf das fokussiert wurde. Wer unbeschwert von »Technikbalast« korrekt belichtete Blitzaufnahmen machen möchte, findet in der Programmautomatik die richtige Funktion.

Bei kürzeren Verschlußzeiten als 1/90 Sekunde schaltet die Kamera bei hochgeklapptem Blitzgerät automatisch auf die Synchronzeit 1/90 Sekunde um

Blitztechnik in der Blendenautomatik

Sehr einfach ist die Blitzfotografie auch in der Blendenautomatik. Die Verschlußzeit wird mit dem Einstellrad vorgewählt, und zwar vor oder nach dem manuellen Herausklappen des Kamerablitzes (per Tastendruck). Dasselbe gilt auch für den Einsatz eines systemkonformen Aufsteckblitzes (Speedlite EZ). Sämtliche Verschlußzeiten zwischen 1/90 Sekunde und 30 Sekunden sind blitzsynchronisiert und können in halben Stufen vorgewählt werden. Wenn eine kürzere Verschlußzeit als die 1/90 Sekunde eingestellt ist, schaltet die Canon EOS 500N automatisch auf 1/90 Sekunde um (kürzeste Blitzsynchronzeit). Die Blende wird in Abhängigkeit vom Umgebungslicht automatisch gesteuert, und auf dem Datenmonitor und im Sucher angezeigt. Wenn die Anzeige für die kleinste Blendenöffnung (größte Blendenzahl) des jeweiligen Objektivs auf dem Datenmonitor und im Sucher blinkt, wird der Hintergrund überbelichtet. Blinkt dagegen die Anzeige für die größte Blendenöffnung (kleine Blendenzahl), wird der Hintergrund unterbelichtet. Die Unter- beziehungsweise Überbelichtung wird aber beim Druck auf den Auslöser durchgeführt. Manuelle Belichtungskorrektur ist im Bereich von ±2 EV in halben Stufen

In der Blendenautomatik wird die Blende in Abhängigkeit vom Umgebungslicht automatisch gesteuert, so daß auch Aufhellblitzen möglich ist

ebenfalls möglich. Dabei wird die Blende in halben Stufen geöffnet oder geschlossen.

Die TTL-Blitztechnik in der Blendenautomatik bei Zeitvorwahl ist vor allem im Zusammenhang mit der Langzeit-Blitzsynchronisation interessant. Anders als im Motivprogramm für Nachtaufnahmen, haben Sie jedoch die Möglichkeit, durch die freie Wahl der Verschlußzeit, die Belichtung des Hintergrundes nach Wunsch zu bestimmen. Nehmen wir ein einfaches Beispiel: Die Aufnahme einer Person in der Dämmerung, die vor einer beleuchteten Stadtkulisse plaziert ist. Bei Aufnahmen mit der herkömmlichen TTL-Blitzautomatik wird die Person korrekt ausgeleuchtet, während der Hintergrund schwarz erscheint. Wenn aber in der Blendenautomatik eine lange Verschlußzeit vorgewählt wird, wird die Person durch das Blitzlicht korrekt ausgeleuchtet, während der Hintergrund durch die lange Verschlußzeit ebenfalls abgebildet wird. Die Verschlußzeit kann genau nach Wunsch auf den Hintergrund abgestimmt werden (das im Unterschied zum Motivprogramm für Nachtaufnahmen). Folglich sollte man eine separate Messung des Umgebungslichts vornehmen, und die Verschlußzeit entsprechend der zu erwartenden »Blitzblende« wählen. Bei längeren Verschlußzeiten ist, trotz Blitzlicht, die Verwendung eines Stativs sinnvoll. Wenn sich das Hauptmotiv innerhalb der Reichweite des AF-Hilfslichtes befindet, ist natürlich Autofokus-Betrieb möglich. Ein leistungsstarker Aufsteckblitz kann aber die Reichweite des AF-Hilfslichtes überschreiten. Wenn ein Motiv jenseits von 5 Meter angeblitzt werde soll, kann es in der Dämmerung oder bei Dunkelheit sinnvoll sein, manuell zu fokussieren, oder sogar die Entfernung nach Schätzung einzustellen.

Durch die Wahl einer langen Verschlußzeit in der Blendenautomatik, ist auch Langzeit-Blitzsynchronisation möglich

Blitztechnik in der Zeitautomatik

Die Blitzfotografie in der Zeitautomatik bereitet ebenfalls keine Schwierigkeiten. Mit dem Einstellrad können alle Blendenwerte in halben Stufen eingestellt werden, und die Kamera steuert automatisch die entsprechende Blitzsynchronzeit zwischen 1/90 Sekunde und 30 Sekunden. Maßgeblich für die Steuerung der Verschlußzeiten in Abhängigkeit von der vorgewählten Blende ist zunächst das Umgebungslicht. Das Blitzlicht wird beim anschließenden Auslösen entsprechend der TTL-Blitzbelichtungsmessung so dosiert, daß sowohl der Vordergrund als auch der Hintergrund ausgewogen belichtet werden. Bei Unter- oder Überbelichtung blinkt die angezeigte Blitzsynchronzeit, die Fehlbelichtung wird aber durchgeführt. In solchen Fällen wählen Sie am besten eine andere Blende vor. Natürlich kann auch eine manuelle Belichtungskorrektur im Bereich von ±2 EV in halben Stufen eingegeben werden. Sie wird durch Veränderung der Verschlußzeit durchgeführt, und hat vor allem Einfluß auf die Wiedergabe des Hintergrundes.

In der Zeitautomatik steuert die Kamera automatisch eine der vorgewählten Blende entsprechnde Blitzsynchronzeit

Durch die Vorwahl der Blende, kann die Schärfentiefe nach Wunsch dosiert werden. Dadurch steht Ihnen ein wichtiges Mittel der Bildgestaltung zur Verfügung. Aber Sie können beispielsweise auch in der Zeitautomatik blitzsynchronisierte Langzeitbelichtungen durchführen. Kleine Blendenöffnungen führen bekanntlich zu längeren Verschlußzeiten. Für die Langzeitsynchronisation gilt prinzipiell dasselbe, wie bei der Blendenautomatik mit Zeitvorwahl (Stativ verwenden, und so weiter).

Blitztechnik bei manueller Belichtungseinstellung

Bei manueller Belichtungseinstellung wird das Blitzgerät als Hauptlicht eingesetzt und der Helligkeit des Umgebungslichts entsprechend dosiert

Sie müssen auf den Komfort der TTL-Blitzautomatik auch dann nicht verzichten, wenn Sie gerne alles manuell einstellen. Bei manueller Belichtungseinstellung können sämtliche Blendenwerte des jeweiligen Objektivs und sämtliche Verschlußzeiten zwischen 1/90 Sekunde und 30 Sekunden in halben Stufen eingestellt werden. Wenn kürzere Verschlußzeiten eingestellt sind, schaltet Canon EOS 500N automatisch auf 1/90 Sekunde um. Das Blitzgerät wird sozusagen als Hauptlicht eingesetzt, und das Umgebungslicht geht in die Messung ein. Falls das Umgebungslicht zu hell ist, blinkt die Verschlußzeitenanzeige »90«. In diesem Fall sollte dann nach Möglichkeit eine kleinere Blendenöffnung eingestellt werden. Das Blitzlicht wird auf die eingestellte Blende abgestimmt.

In Verbindung mit langen Verschlußzeiten bietet die Blitztechnik eine Reihe kreativer Möglichkeiten, wie zum Beispiel Mitzieheffekte mit verwischtem Hintergrund und scharf abgebildetem Hauptobjekt. In der Bulb-Einstellung wird das Blitzgerät als Hauptlichtquelle eingesetzt und TTL-gesteuert. Das Umgebungslicht wird dabei jedoch nicht berücksichtigt. Die Blitzsynchronisation in der Bulb-Einstellung ermöglicht effektvolle Langzeitaufnahmen, beispielsweise mit einem hellen Hintergrund (beleuchtetes Gebäude, Feuerwerk, Stadtlichter) und dunklem Vordergrund (Person oder Gegenstand), der durch das Blitzlicht aufgehellt wird. Obwohl die Blitzsteuerung auch bei manueller Belichtungseinstellung automatish erfolgt, sollten nur fortgeschrittene Fotografen oder Fotografinnen mit dieser Funktion arbeiten.

Reduzierung des »Rote-Augen-Effekts«

Die Funktion zur Verringerung des "Rote-Augen-Effekts" muß mit der Funktionstaste eingeschaltett werden

Diese Funktion kann in jedem Programm, in dem Blitzfotografie möglich ist, wie folgt eingeschaltet werden: Die Funktionstaste sooft drücken, bis der Funktionspfeil auf dem externen Datenmonitor auf das Augenpiktogramm zeigt. Dann stellen Sie mit dem

Einstellrad die Zahl 1 ein. Diese Einstellung wird durch Antippen des Auslösers gespeichert (oder automatisch nach 6 Sekunden). Bei eingeschalteter Funktion zeigt der Funktionspfeil auf dem Datenmonitor ständig auf das Augenpiktogramm. Die Funktion kann nur ausgeschaltet werden, wenn in der entsprechenden Einstellebene die Null eingegeben wird. Die (eingeschaltete) Funktion zur Reduzierung des »Rote-Augen-Effekts« wird aber nur bei herausgeklapptem Kamerablitz (oder bei eingeschaltetem Aufsteckblitz) aktiviert. Dann wird bei angetipptem Auslöser von der Speziallampe neben dem Blitzreflektor ein Lichtstrahl ausgesendet.

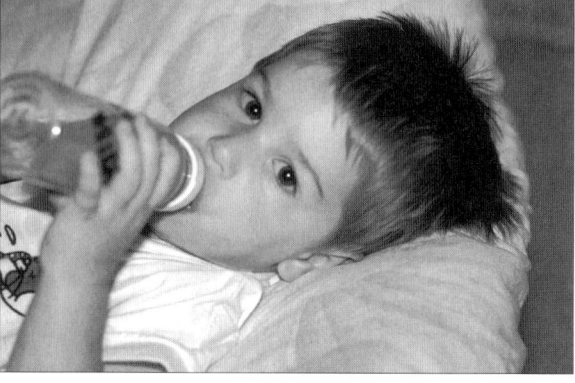

Wozu aber soll all das gut sein? Um das zu erklären, müssen wir etwas ausholen. Porträtaufnahmen, bei denen die porträtierte Person mit »Kaninchenaugen« abgebildet wird, kennt jeder Fotograf und jede Fotografin. Diese unangenehme Erscheinung ist darauf zurückzuführen, daß das Blitzlicht von der roten Netzhaut durch die weit geöffneten Pupillen reflektiert wird. Eine geringe Distanz zwischen dem Blitzreflektor und der optischen Achse des Objektivs begünstigt den sogenannten »Rote-Augen-Effekt«. Die Stärke des Effekts wird auch durch folgende Faktoren beeinflußt: Blickrichtung und die Augenbeschaffenheit der porträtierten Person, Blitzdistanz, Brennweite des Objektivs, und sogar vom Umgebungslicht (bei wenig Licht sind die Pupillen weit geöffnet, und der Effekt deutlicher sichtbar). In der Funktion zur Reduzierung des »Rote-Augen-Effekts«, sendet die EOS 500N bei angetipptem Auslöser einen Lichtstrahl aus, der Pupillen vor der Aufnahme etwas schließen soll. Dadurch tritt der Effekt nicht mehr so deutlich in Erscheinung. Die für die Schließung der Pupillen erforderliche Zeit wird durch das »Schrumpfen« der Indexreihe im Sucher und auf dem Datenmonitor ange-

Auch bei aktivierter Funktion zur Verringerung des "Rote-Augen-Effekts" kann man den Augenblick der Verschlußauslösung frei bestimmen. Dadurch kann man den gewünschten Gesichtsausdruck "abwarten"

zeigt. Der Lichtstrahl wird aber darüber hinaus solange ausgesendet, wie man Druckpunkt am Auslöser nimmt. Sie können also in der Vorbeleuchtungszeit, die für die Schließung der Pupillen erforderlich ist, die Person im Sucher ständig beobachten. Auf diese Weise können Sie feststellen, ob sich der Gesichtsausdruck der porträtierten Person bis zum Augenblick des Auslösens verändert oder nicht. Falls Sie eine unerwünschte Veränderung des Gesichtsausdrucks im Sucher beobachten, können Sie entweder

Vor allem Kleinkinder werden oft mit "Kaninchenaugen" abgebildet. Mit der ensprechenden Funktion kann der "Rote-Augen-Effekt" jedoch wirkungsvoll reduziert werden

noch einige Augenblicke bei angetipptem Auslöser warten, oder sogar den Auslöser loslassen und den Vorgang abbrechen. Aber erwarten Sie nicht allzuviel von dieser Funktion. Denn Aufgrund der oben beschriebenen Einflußfaktoren, kann die Wirkung von Person zu Person, oder von Aufnahme zu Aufnahme unterschiedlich ausfallen.

E-TTL-Steuerung mit den Systemblitzgeräten Speedlite 220EX und 380EX

Die Systemblitzgeräte Speedlite 220EX oder 380EX sind eine optimale Ergänzung zur EOS 500N, denn sie erweitern die Mög-

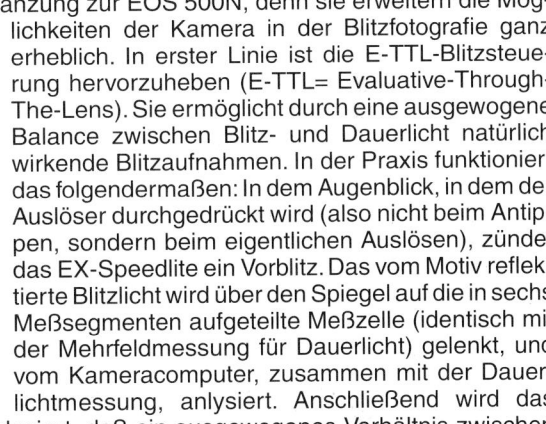

lichkeiten der Kamera in der Blitzfotografie ganz erheblich. In erster Linie ist die E-TTL-Blitzsteuerung hervorzuheben (E-TTL= Evaluative-Through-The-Lens). Sie ermöglicht durch eine ausgewogene Balance zwischen Blitz- und Dauerlicht natürlich wirkende Blitzaufnahmen. In der Praxis funktioniert das folgendermaßen: In dem Augenblick, in dem der Auslöser durchgedrückt wird (also nicht beim Antippen, sondern beim eigentlichen Auslösen), zündet das EX-Speedlite ein Vorblitz. Das vom Motiv reflektierte Blitzlicht wird über den Spiegel auf die in sechs Meßsegmenten aufgeteilte Meßzelle (identisch mit der Mehrfeldmessung für Dauerlicht) gelenkt, und vom Kameracomputer, zusammen mit der Dauerlichtmessung, anlysiert. Anschließend wird das

Speziell für EOS 500N entwickelt: Speedlite 220EX

Blitzlicht so dosiert, daß ein ausgewogenes Verhältnis zwischen Blitz- und Dauerlicht entsteht. Die Zeit zwischen Meßblitz und Echtblitz ist extrem kurz. Beide Blitze bilden für das menschliche Auge eine Einheit (sie werden also wie ein einziger Blitz wahrgenommen). Die E-TTL-Blitzsteuerung arbeitet sehr genau, weil die Gewichtung der sechs Meßsegmente an den aktiven AF-Sensor gekoppelt ist, und weil die Blitzmessung direkt erfolgt, also ohne Verfälschung durch unterschiedliche Filmoberflächen.

Zu den interessanten Funktionen zählt auch die Blitzmeßwertspeicherung (FEL= Flash Exposure Lock), die durch Antippen der Selektivtaste erfolgt (*). In dieser Funktion wird die Blitzbelichtung selektiv gemessen. Der zentrale Selektiv-Meßkreis sollte zunächst auf die zu messende Fläche gerichtet werden. Anschließend wird durch Druck auf die Belichtungsspeichertaste (*) ein Vorblitz mit 1/16

Vielseitiger Aufsteckblitz: Speedlite 380EX

Leistung gezündet. Mit den beiden Speedlite-Geräten 220EX und 380EX ist sogar Kurzzeitsynchronisation bis zur 1/2000 Sekunde möglich. In dieser Funktion stehen also sämtliche Verschlußzeiten der EOS 500N für die Blitzfotografie zur Verfügung. Die Funktion wird am Aufsteckblitz eingeschaltet, und im Sucher der EOS 500N mit dem Buchstaben »H« neben dem Blitzpiktogramm angezeigt. Die Kurzzeitsynchronisation kann eigesetzt werden zum Beispiel bei bewegten Objekten (in Blitzreichweite), oder wenn eine große Blendenöffnung den Hintergrund in Unschärfe tauchen soll.

Mit den Systemblitzgeräten Speedlite 220EX und 380EX ist sogar Kurzzeitsynchronisation bis zur 1/2000 s und die raffinierte E-TTL-Blitzsteuerung möglich

Das Speedlite 380EX hat einen Leuchtwinkel, der einem Brennweitenbereich von 24-105 mm entspricht. Die Leitzahl variiert, je nach Zoomposition des schwenkbaren Blitzreflektors, von 21 bis 38 (bei ISO 100/21°). Das preiswertere Speedlite 220EX hat Leitzahl 22 (bei ISO 100/21°) und leuchtet den Bildwinkel eines 28 mm-Objektivs aus.

Aufsteckbare Systemblitzgeräte

Nachdem Sie die Möglichkeiten der Speedlite-Blitze 220EX und 380EX in Verbindung mit der EOS 500N kennengelernt haben, wird es schwierig, Ihnen auf die anderen Systemblitzgeräte »Appetit« zu machen. Zu Unrecht, denn die Blitzfunktionen der anderen Systemblitzgeräte können sich auch sehen lassen. Wenn die Leistung des eingebauten Blitzgerätes nicht ausreicht, oder wenn raffinierte Blitzfunktionen gefragt sind, dann kann man Aufsteckblitzgeräte einsetzen, wie zum Beispiel die Canon Speedlite 540EZ, 430EZ, 420EZ oder 300EZ. Mit diesen Systemblitzen können zunächst dieselben Blitzfunktionen, wie mit dem eingebauten Blitzgerät, durchgeführt werden. Darüberhinaus bieten sie weitere Möglichkeiten, wie die A-TTL-Automatik. Die A-TTL-Automatik (Advanced-Through-The-Lens) ist eine fortentwickelte TTL-Blitzbelichtungsmessung, bei der neben dem Blitzlicht, auch das Dauerlicht (Umgebungslicht) gemessen wird. Dadurch ist es möglich, die Belichtung und die Blitzdosierung so zu steuern, daß sowohl das angeblitzte Objekt im Vordergrund, als auch der Hintergrund ausgewogen belichtet werden. Auf diese Weise können sogar größere Kontraste zwischen Vordergrund und Hintergrund ausgeglichen werden.

Das leistungsstarke Canon Speedlite 540 EZ

Das leistungsstärkste Canon-Blitzgerät ist das Speedlite 540 EZ, mit Leitzahl 54 (bei ISO 100/21°) in der Position für Brennweite 105 mm. Das Blitzgerät verfügt über einen Zoomreflektor, der Verstellungen des Leuchtwinkels entsprechend den Brennweiten 24-105 mm erlaubt. Mit der eingebauten Weitwinkelstreuscheibe wird der Leuchtwinkel entsprechend dem Bildwinkel der Brennweite 18 mm erweitert. Schwenkreflektor, Stroboskopfunktion mit frei einstellbarer Frequenz, AF-Hilfslichtfunktion sind nur einige der Funktionen dieses leistungsstarken Aufsteckblitzgerätes.

Das Canon Speedlite 430 EZ ist mit einem Zoomreflektor ausgestattet, dessen Leuchtwinkel dem Bildwinkel der Brennweiten zwischen 24 mm und 80 mm entspricht. Der Reflektor zoomt automatisch mit dem Objektiv, wenn die Funktion »A-Zoom« auf dem Blitzdisplay eingeschaltet ist. Der Reflektor kann aber auch

Mit dem Canon Speedlite 430 EZ kann man die Vorteile der A-TTL-Automatik voll nutzen

manuell verstellt werden, und rastet in den Postitionen ein, die den Brennweiten 24 mm, 28 mm, 35 mm, 50 mm, 70 mm und 80 mm entsprechen. Das Canon Speedlite 430 EZ hat Leitzahl 43 bei ISO 100/21° und Reflektorstellung auf 80 mm. Der Zoomreflektor läßt sich drehen und neigen, so daß problemlos auch indirekt geblitzt werden kann (mit A-TTL-Automatik). Die Blitzfolgezeit wird mit 0,2 s bis 1,5 s angegeben (bei 70 Prozent Aufladung, wie es der DIN-Norm entspricht). Im Automatikbetrieb kann die Blitzleistung in Drittelstufen korrigiert werden, was vor allem der Aufhellblitztechnik zugute kommt. Im manuellen Betrieb kann die Maximalleistung in sechs Stufen reduziert werden. Auch Stroboskopaufnahmen mit mit einer Frequenz von bis zu 10 Blitzen pro Sekunde sind möglich. Mit einem Satz Batterien (vier Mignonzellen 1,5 V) kann bis zu 2000 Mal geblitzt werden (mit NC-Akkus etwa 1500 Blitze). Die wichtigsten Betriebsdaten werden auf einem großen Datenmonitor angezeigt.

Das Canon Speedlite 420 EZ ist das Vorgängermodell des 430 EZ, dem es in den Funktionen weitgehend gleicht. Das 420 EZ hat den gleichen Zoombereich wie das 430 EZ (24-80 mm) und ist dreh- und schwenkbar. Im Weitwinkelbereich ist die Leitzahl identisch wie beim 430 EZ. Im Telebereich erreich das neuere 430 EZ aber durch einen speziell konzipierten Reflektor eine bessere Lichtausbeute. Auch die Leistungskorrektur im Automatikbetrieb ist beim 420EZ nicht vorhanden. Wesentlich geringer ist auch die maximale Anzahl der Blitze pro Batterie- oder Akkusatz.

Das kompakte Canon Speedlite 300EZ ist auch mit der EOS 500 N voll einsetzbar

Das Canon Speedlite 300 EZ ist ein kompaktes Blitzgerät mit einem Zoomreflektor, der den Bildwinkel der Objektive mit Brennweitenbereich zwischen 28 mm und 70 mm ausleuchtet. Der Zoomreflektor stellt sich automatisch auf die Objektivbrennweite ein. Der Reflektor ist jedoch starr, so daß nicht indirekt geblitzt werden kann. Die Aufladezeit liegt zwischen 0,3 s und 1 s (bei 70 Prozent Aufladung). Wenn man die Canon EOS 500N mit den Speedlite-Blitzgeräten 430 EZ, 420 EZ und 300 EZ bestückt, kann man, wie schon erwähnt, die Vorzüge der A-TTL-Automatik genießen. Mit einfacher TTL-Automatik funktionieren jedoch auch andere Canon Systemblitze, wie das speziell für die EOS 850 entwickelte Speedlite 160E, das aber mit Leitzahl 16 und starrem Reflektor für EOS 500N Besitzer wenig interessant ist. Dasselbe dürfte auch für das Speedlite 200E gelten, das eigens für die EOS 1000 und 1000N konzipiert wurde. Die Leitzahl 20 und der starre Reflektor machen das 200E eben nicht wesentlich attraktiver. Für Makrofotografen könnten aber die Macrolite- beziehungsweise die Macro-Ringlite-Blitzgeräte eine sinnvolle Ergänzung Ihrer Ausrüstung bedeuten. Der Makro-Ringblitz ML-3 kann in der Zeitautomatik, oder bei manueller Belichtungseinstellung mit A-TTL-Blitzautomatik eingesetzt werden. Durch die Einbindung in das umfangreiche EOS-System stehen also für die EOS 500N zahlreiche Blitzgeräte zur Verfügung.

Für eine gleichmäßige Ausleuchtung im Makrobereich kann der Makro-Ringblitz ML-3 gute Dienste leisten

Spezielle Aufnahmefunktionen

Die Canon EOS 500N ist auch mit einigen Funktionen ausgestattet, die etwas anders ablaufen, als wir es vom einfachen Auslösen her kennen. Mit den entsprechenden Aufnahmefunktionen der Canon EOS 500N sind Selbstauslöseraufnahmen, Mehrfachbelichtungen und Langzeitbelichtungen problemlos möglich.

Selbstauslöser

Die Selbstauslöserfunktion ist im Fotoalltag wichtiger, als man annimmt. Der Selbstauslöser der Canon EOS 500N wird beim Druck auf die Selbstauslösertaste eingeschaltet. Aktiviert wird der Selbstauslöser aber erst wenn der Auslöser betätigt wird. Die Selbstauslöserfunktion kann durch Abschalten der Kamera, oder durch erneutem Druck auf die Selbstauslösertaste gelöscht werden. Bei eingeschaltetem Selbstauslöser erscheint auf dem Datenmonitor das entsprechende Symbol. Beim Druck auf den Auslöser beginnt der Countdown (bei AF-Betrieb nur nach erfolgter Fokussierung). Der Selbstauslöser hat eine Vorlaufzeit von 10 Sekunden. Beim Countdown wird die Anzahl der Sekunden bis zum Auslösen auf dem Datenmonitor angezeigt. Während der ersten acht Sekunden ertönen außerdem Piepsignale mit einer Frequenz von zwei Tönen pro Sekunde. In den letzten zwei Sekunden vor dem Auslösen wird die Taktfrequenz auf acht Pieptöne pro Sekunde erhöht. Dabei leuchtet auch das AF-Hilfslicht in den letzten zwei Sekunden konstant auf. Die Piepsignale ertönen auch dann, wenn der Piepton für die AF-Bestätigung abgeschaltet wurde. Der Countdown kann jederzeit unterbrochen werden, und zwar entweder durch erneuten Druck auf die Selbstauslösertaste, oder durch Drehen des Programmwahlrads in eine andere Position. In beiden Fällen bleibt die Selbstauslöserfunktion eingeschaltet. Durch Abschalten der Kamera (Programmwahlrad auf L) kann sowohl der Countdown unterbrochen, als auch die Selbstauslöserfunktion abgeschaltet werden. Der Selbstauslöser kann in jedem der zehn Programme eingesetzt werden, und zwar auch dort, wo es keinen Sinn macht, wie zum Beispiel im Sportprogramm oder in der Schärfentiefeautomatik, die dann allerdings wie die »normale« Programmautomatik arbeitet. Der Selbstauslöser funktioniert auch bei manueller oder automatischer Blitzzuschaltung. Es macht aber keinen Unterschied, ob die Funktion zur Reduzierung des »Rote-Augen-Effekts« eingeschaltet ist, oder nicht. Die Speziallampe leuchtet während der letzten zwei Sekunden vor dem Auslösen immer konstant auf.

Selbstauslöseraufnahmen werden üblicherweise vom Stativ aus durchgeführt. Falls kein Stativ zur Hand ist, kann man auch

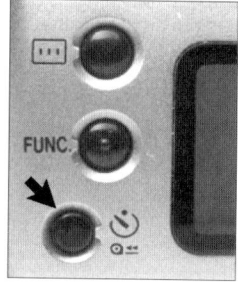

Die Taste für den Selbstauslöser befindet sich unmittelbar neben dem externen Datenmonitor

Der Selbstauslöser ist gut geeignet auch für verwacklungsfreie Makroaufnahmen vom Stativ, bei denen durch die kleine Blendenöffnung und den großen Auszug eine lange Verschlußzeit zu erwarten ist

Bei Selbstauslöseraufnahmen vom Stativ sollte nach Möglichkeit immer manuell Fokussiert werden. Außerdem sollte die im Kameragurt eingebaute Okularabdeckung unbedingt anstelle der Augenmuschel auf das Okular geschoben werden

improvisieren, indem man die Kamera auf einen Tisch, eine Fensterbank oder einen Mauervorsprung aufstellt. Wenn das Hauptmotiv von einem der drei Autofokus-Sensoren erfaßt wird, muß sich der Fotograf keine Gedanken um die Scharfeinstellung machen. Befindet sich das Hauptmotiv aber außerhalb des AF-Meßfeldes, muß die Scharfeinstellung durch Druckpunkt am Auslöser gespeichert und die Kamera wieder ausgerichtet werden (die Speicherung bleibt erhalten, nachdem der Countdown läuft). Natürlich sind Selbstauslöseraufnahmen auch bei manueller Scharfeinstellung möglich und sinnvoll. Für Aufnahmen vom Stativ sollte die Augenmuschel gegen die Okularabdeckung ausgetauscht werden. Ansonsten kann Fremdlichteinfall durch das Okular die Belichtungsmessung irreführen (falls der Fotograf während der Aufnahme nicht durch das Okular blickt). Die Okularabdeckung ist sozusagen fest eingebaut im Plastikansatz des breiten Teils des mitgelieferten Tragegurtes. Aufnahmen mit dem Selbstauslöser sind nicht nicht nur dann angebracht, wenn der Fotograf

mit ins Bild will, sondern auch dann, wenn eine erschütterungs-
freie Auslösung erforderlich ist. Das kann beispielsweise bei Langzeitbelichtungen der Fall sein, wenn kein Fernauslöser zur Verfügung steht.

Doppel- und Mehrfachbelichtungen

Mehrfachbelichtungen durch Abschalten des Filmtransports sind
mit der EOS 500N kein Problem. In der Programm-, Blenden-,
Zeit- und Schärfentiefenautomatik, sowie bei manueller Belich-
tungseinstellung kann bei der Canon EOS 500N die Funktion für
Mehrfachbelichtungen eingesetzt werden. Allerdings arbeitet die
Schärfentiefenautomatik dann wie die Programmautomatik. Mit
dieser Spezialfunktion können bis zu neun Mehrfachbelichtungen
eingegeben werden.
Sie wird folgenderma-
ßen eingegeben: Die
Funktionstaste sooft
antippen, bis der
Funktionspfeil auf das
Symbol mit den zwei
ineinandergreifenden
Rahmen zeigt. Auf
dem Datenmonitor er-
scheint neben dem
Pfeil die Zahl 1. Durch
Drehen des Einstell-
rades kann eine belie-
bige Zahl zwischen 2
und 9 vorgewählt wer-
den. Die eingegebe
Zahl steht für die An-
zahl der Mehrfachbe-
lichtungen. Die Ein-

stellung kann durch Antippen des Auslösers übernommen werden
(ansonsten automatische Übernahme nach sechs Sekunden).
Beim Druck auf den Auslöser werden nun die einzelnen Belichtungen durchgeführt, wobei jede Aufnahme entweder einzeln,
oder bei Serienbildschaltung ausgelöst werden kann. Die Mehrfachbelichtungen werden auf dem Datenmonitor rückwärts gezählt. Nachdem die vorgegebene Anzahl der Belichtungen durchgeführt wurde, wird diese Funktion automatisch gelöscht. Die
Funktion kann auf zweifache Weise auch vorzeitig beendet werden: Erstens, wenn das Programmwahlrad in eine Position der
Motivprogramme oder der Vollautomatik gedreht wird. Und zwei-
tens, wenn die Zahl der Mehrfachbelichtungen wieder auf 1 eingestellt wird. Die letzte Mehrfachbelichtung, die der 1 entspricht,
wird aber noch durchgeführt. Für Doppel- und Mehrfachbelichtungen setzen Sie am besten ein stabiles Stativ ein.

*Einfache Doppelbelich-
tung, die keine besonde-
ren Vorkehrungen erfor-
dert*

Bei der EOS 500N können in der entsprechenden Funktion bis zu neun Mehrfachbelichtungen einprogrammiert werden

Mehrfachbelichtungen, bei denen mehr oder weniger sorglos und zufällig verschiedene Motive oder Motivpartien auf ein und demselben Filmstück gebannt werden, sind auch ohne Anleitung recht einfach durchzuführen. Anspruchsvolle Doppel- und Mehrfachbelichtungen setzen jedoch oft eine minuziöse Planung voraus. Die Darstellung von Bewegung durch die Kombination einer scharfen und einer verwischten Aufnahme, oder die eines Bewegungsablaufs durch »stroboskopartige« Mehrfachbelichtungen erfordern ebenfalls eine raffinierte Technik. Mehrfachbelichtungen sind angebracht, wenn eine Verpackung transparent dargestellt und der Inhalt sichtbar gemacht werden soll. Transparenz kann auch erreicht werden, indem man bei jeder Einzelbelichtung Objekte hinzufügt, oder wegnimmt. Es würde aber an dieser Stelle zu weit führen, auf die hohe Schule der Doppel- und Mehrfachbelichtungen, wie sie in Profistudios an der Tagesordnung ist, eingehen zu wollen. Daher nur einige wichtige Aspekte, die vor allem für die Arbeit in einem geschlossenem Raum gelten:

Mehrfachbelichtungen bringen Abwechslung bei der Projektion der Urlaubsdias

Bei jeder Einzelbelichtung sollten nur die Motivpartien angestrahlt werden, die gerade belichtet werden. Die Motivpartien, die in einer der nächsten Einzelbelichtungen auf Film gebannt werden, oder die Motivpartien, die bereits belichtet wurden, sollten abdeckt werden. Die Abdeckung kann auf verschiedene Weise erfolgen. Teile des Objektes oder des Motivs können mit lichtabsorbierendem schwarzen Samt abgedeckt werden. Oft wird ein tief mattschwarzer Karton vor dem Objektiv befestigt. Falls eine genaue Abgrenzung bestimmter Motivpartien erforderlich ist, können individuell geschnittene Masken in ein Kompendium, oder in einen Filterhalter eingesetzt werden. Durch die Abdeckung wird wirkungsvoll verhindert, daß Streulicht, oder die Überbelichtung von Motivpartien durch Blitzaddition, die Mehrfachbelichtung ruinieren. Daß auch der Raum abgedunkelt werden muß, ist selbstverständlich.

Einer der schwierigsten Arbeitsschritte bei einer Mehrfachbelichtung ist die Belichtungsmessung. Die einfache Blitzaddition, wie sie durch Kopfrechnen, oder mit modernen Blitzbelichtungsmessern durchgeführt werden kann, reichen für genau aufeinander abgestimmte Einzelbelichtungen nicht aus. Auch die TTL-Blitzsteuerung der Kamera ist in diesem Fall wenig hilfreich. Für eine genaue Belichtungsmessung muß man zunächst wissen, ob, und wenn ja, welche Motivpartien sich im endgültigen Bild überlappen. Falls sich keine Motivpartien überlappen, und bei jeder Einzelbelichtung die nicht belichteten Teile abgedeckt werden, genügt normalerweise die Einzelmessung jeder Belichtung, die mit der TTL-Messung der Kamera oder mit einem Handbelichtungsmesser durchgeführt werden kann. Die getrennte Messung jeder einzelnen Teilbelichtung gibt Auskunft über jeweils erforderliche Blende. Etwas schwieriger wird es in der Blitzfotografie. Bei der einfachen Blitzaddition werden die Blendenwerte für die einzelnen Teilbelichtungen nicht berücksichtigt. Aber jede Einzelbelichtung muß mit dem jeweils ermittelten Blendenwert durchgeführt werden.

Noch komplizierter wird es, wenn sich Motivpartien durch die Einzelbelichtungen überlappen, oder ineinandergehen. Diese Motivpartien werden bei einfacher Blitzaddition, und sogar bei getrennten Einzelmessungen, sowohl bei Blitz-, als auch bei Dauerlicht, überbelichtet. Hier helfen bei einer Kleinbildkamera nur theoretische Rechnungen. Die Rechnung ist einfach durchzuführen: Wenn ein bestimmter Motivbereich drei Mal belichtet wird, muß jede Einzelbelichtung nur einen Drittel der für die korrekte Gesamtbelichtung dieser Partie erforderlichen Lichtmenge erhalten. Eine andere Möglichkeit besteht darin, die effektive Filmempfindlichkeit (in ASA) mit der Anzahl der Einzelbelichtungen zu multiplizieren, und die Belichtungsmessung für die hochgerechnete Filmempfindlichkeit durchzuführen. Bei einem 100 ASA Film würde das folgendermaßen aussehen: 3x100 ASA=300 ASA. Auf dem Belichtungsmesser können aber nur 320 ASA eingestellt werden, was, in Blendenstufen ausgedrückt, eine um 1,7 Stufen kleinere Blendenöffnung bedeutet. Bei 300 ASA würde die Verlängerung aber genau 1,5 Blendenstufen betragen. Falls die drei Einzelbelichtungen unkorrigiert durchgeführt werden, würde die überlappte Motivpartie 300 Prozent mehr Licht, als erforderlich bekommen. Das entspricht einem Korrekturfaktor von 3 (weil drei Mal mehr Licht die Filmemulsion erreicht) oder von 1,5 Lichtwerten. In unserem Beispiel muß also die Blende um 1,5 Stufen geschlossen werden (bei Dauerlicht kann auch die Verschlußzeit entsprechend korrigiert werden), und zwar nicht insgesamt (-0,5 pro Einzelbelichtung), sondern bei jeder Einzelbelichtung (-1,5 pro Einzelbelichtung). Bei Dauerlicht können die Korrekturfaktoren auch über die manuelle Belichtungskorrektur der EOS 500N eingegeben werden. Bei Blitzaufnahmen kann die manuelle Blitzbelichtungskorrektur am Aufsteckblitz dieselbe Funktion erfüllen. Bei dieser Vorgehensweise werden die überlappten Motivpartien korrekt belichtet. Die nicht überlappten Teile werden jedoch mehr oder weniger unterbelichtet. In der Praxis geht es also darum, ein

Anspruchsvolle Mehrfachbelichtungen setzen eine minuziöse Planung und eine genaue Ausführung voraus. Bei Mehrfachbelichtungen sollte man unbedingt eine Belichtungskorrektur vornehmen. Das Ausmaß der Korrektur wird von der Anzahl der Mehrfachbelichtungen bestimmt. Als Faustregel gilt:

Bei 2 Belichtungen: -1 LW pro Einzelbelichtung

Bei 3 Belichtungen: -1,5 LW pro Einzelbelichtung

Bei 4 Belichtungen: -2 LW pro Einzelbelichtung

Bei 5 Belichtungen: -2,5 LW pro Einzelbelichtung

Bei 6 Belichtungen: -3 LW pro Einzelbelichtung

Bei 7 Belichtungen: -3,5 LW pro Einzelbelichtung

Bei 8 Belichtungen: -4 LW pro Einzelbelichtung

Bei 9 Belichtungen: -4,5 LW pro Einzelbelichtung

Rechte Seite:
Sogar im Zoo sind lange Brennweiten erforderlich: Das Löwenporträt ist mit Brennweite 600 mm entstanden, für den einsamen Wolf hat Brennweite 400 mm genügt

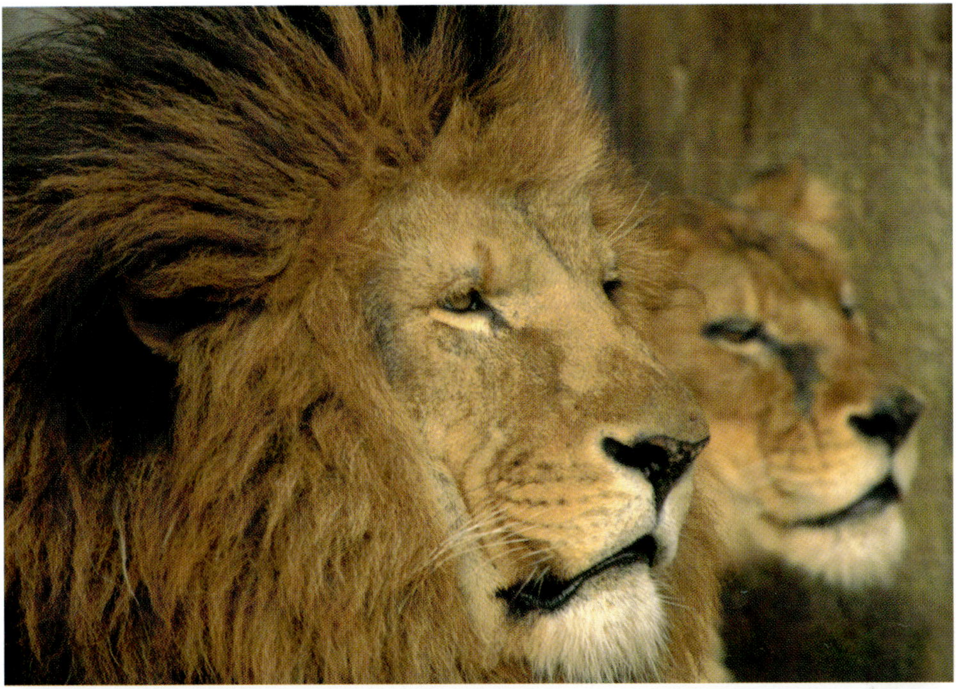

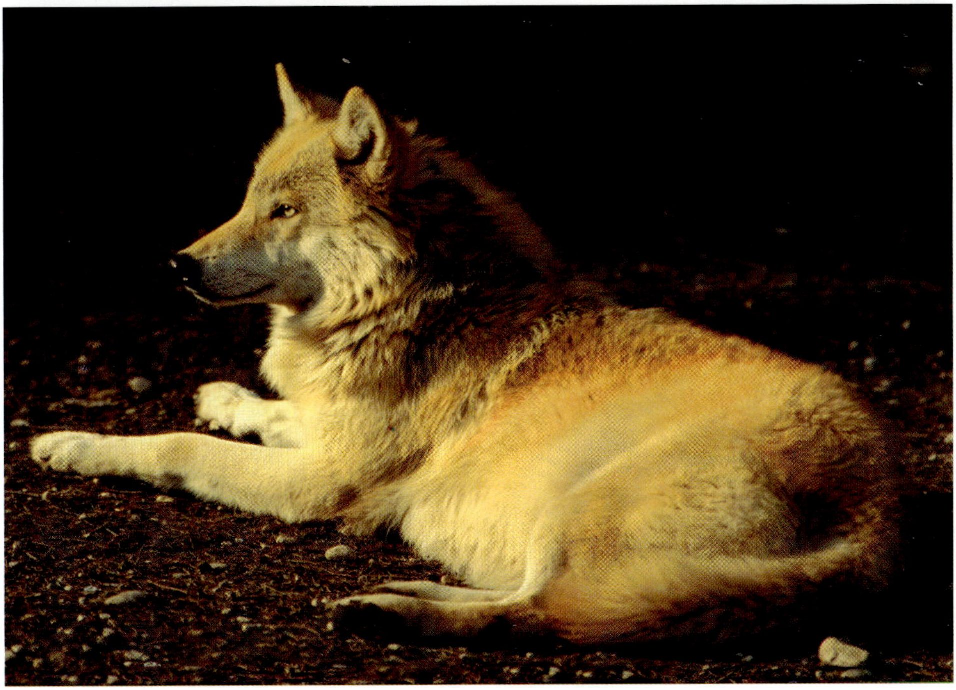

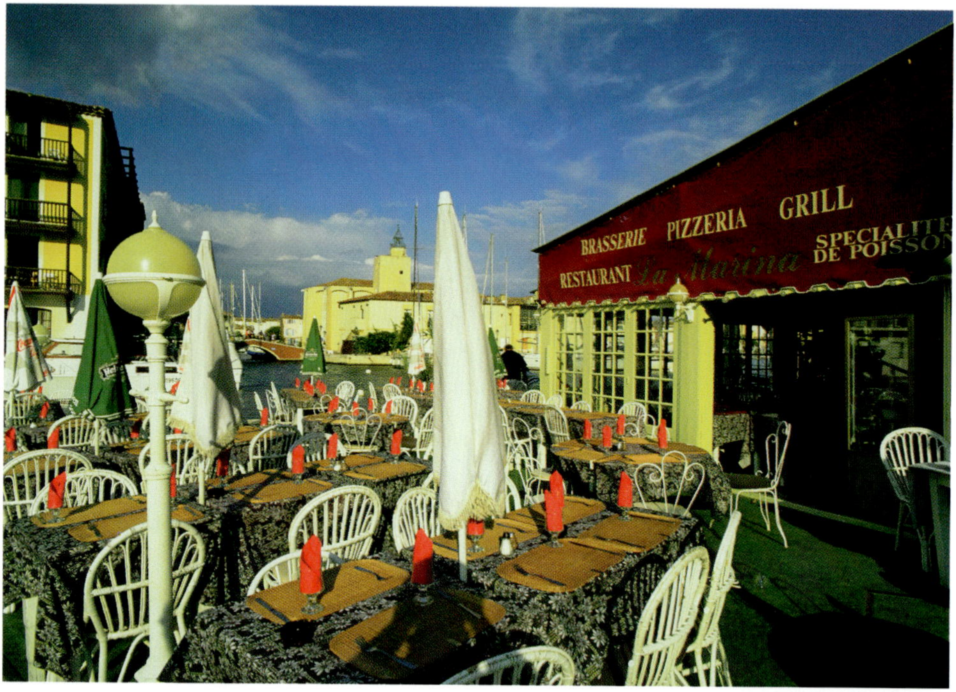
BRASSERIE PIZZERIA GRILL
RESTAURANT La Marina

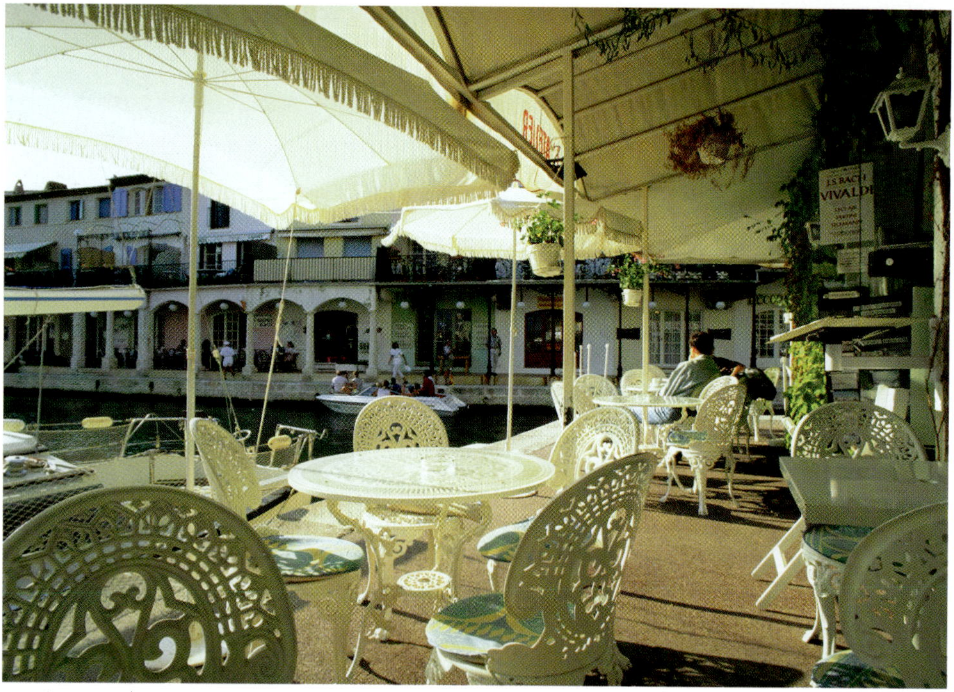

Linke Seite:
Wenn Sie das vorliegende Buch bis hierher gelesen haben, dann wissen Sie, wie Sie solche belichtungstechnisch kritischen Motive nach Wunsch belichten können

angemessenes Gleichgewicht zwischen der Belichtung der überlappten, und der nicht überlappten Motivpartien zu finden. Testschüsse auf Sofortbildfilm, mit denen man sowohl in den überlappten als auch in den nicht überlappten Motivbereichen die Belichtung annähernd überprüfen kann, sind mit der Canon EOS 500N nicht möglich. Aber Belichtungsvarianten, die in diesem Fall nicht mit der Belichtungsreihenautomatik durchzuführen sind, können eine zusätzliche Sicherheit liefern. Die endgültige Bildwirkung können Sie aber erst dann feststellen, wenn die Filme aus dem Labor bei Ihnen eintreffen.

Langzeitbelichtungen

Wesentlich einfacher als Mehrfachbelichtungen, sind die Langzeitbelichtungen durchzuführen. Langzeitbelichtungen bis 30 Sekunden können mit der EOS 500N auch automatisch durchgeführt

Langzeitbelichtungen sollten immer von einem stabilen Stativ aus erfolgen

werden. Wenn längere Verschlußzeiten angestrebt werden, muß man bei manueller Belichtungssteuerung die Bulb-Einstellung mit dem Einstellrad wählen. Die Bulb-Einstellung »befindet« sich am Ende der Verschlußzeitenreihe, nach der Verschlußzeitenanzeige 30« (nur in M). Im Sucher und auf dem Datenmonitor erscheint der Schriftzug »bulb«. Der Verschluß bleibt in der Bulb-Einstellung

Wenn längere Verschluß-zeiten als 1 Sekunde eingestellt werden, ist aufgrund des Schwarz-schild-Effekts eine Verlängerung der Belichtungszeit erforderlich. Die Aufnahme ist mit 15s statt den gemessenen 2s entstanden

so lange geöffnet, wie der Auslöser gedrückt wird. Die gewünschte Blende wird bei gedrückter Av-Taste mit dem Einstellrad eingestellt. Während der Bulb-Aufnahme blinkt die Anzeige »bulb« auf dem Datenmonitor. Weil die Bulb-Belichtung elektronisch erfolgt, wird dabei Strom verbraucht. Mit neuen Batterien können Dauerbelichtungen bis zu sechs Stunden durchgeführt werden.

Daß man bei langen Verschlußzeiten ein stabiles Stativ verwenden sollte, muß nicht eigens erwähnt werden. Um die Verwacklungsgefahr zu verringern, sollte man den Auslöser nach Möglichkeit nicht per Hand betätigen, sondern beispielsweise den Kabelauslöser RS-60E3 verwenden. Der Kabelauslöser wird an die Fernbedienungsbuchse der EOS 500N angeschlossen (seitlich oben neben dem Handgriff). Der Selbstauslöser kann bei Bulb-Belichtunen nicht eingesetzt werden.

Auf die gestalterischen Möglichkeiten, die sich aus der Kombination von Langzeitbelichtung und Blitzlicht ergeben, sind wir in dem Kapitel über die Belichtungsmessung eingegangen. An dieser Stelle fehlt nur noch der Hinweis auf den Schwarzschild-Effekt, der bei langen Belichtungszeiten auftreten kann (bei Farbfilmen schon ab 1 Sekunde). Nach dem Reziprozitätsgesetz macht es keinen Unterschied, ob die gleiche Lichtmenge durch eine hohe Beleuchtungsstärke in einer kurzen Belichtungszeit, oder durch eine geringe Beleuchtungsstärke in einer langen Belichtungszeit entsteht. Rein rechnerisch und bei mittleren Verschlußzeiten, ist das Reziprozitätsgesetz gültig. Bei sehr kurzen, oder bei langen Verschlußzeiten ist jedoch das Reziprozitätsgesetz außer Kraft gesetzt. Die Schwärzung in der Filmemulsion fällt nämlich bei sehr kurzen oder langen Belichtungszeiten geringer aus, als man es nach dem Reziprozitätsgesetz erwarten würde. Man spricht dann von Kurzzeitfehler beziehungsweise von Langzeitfehler. Der Langzeitfehler ist auch unter der Bezeichnung Schwarzschild-Effekt

Langzeitbelichtungen bei Kunstlicht sind recht problematisch, weil oft nicht vorhersehbare Farbverschiebungen auftreten können

bekannt. Der Schwarzschild-Effekt kann sich schon ab 1 Sekunde bemerkbar machen. Allerdings reagiert jeder Filmtyp verschieden darauf. Bei Farbfilmen kann es sogar Schwankungen zwischen gleichen Filmtypen mit verschiedenen Emulsionsnummern geben. Es kann aber auch vorkommen, daß bei einem Farbfilm jede Farbschicht ein anderes Schwarzschildverhalten aufweist, was zu Farbstichen, oder sogar zu größeren Farbverschiebungen führen kann.

Um der Auswirkung des Schwarzschild-Effekts entgegenzuwirken, muß die Belichtungszeit entsprechend verlängert werden. Der Verlängerungsfaktor (Schwarzschildexponent) ist aber keine Konstante, so daß er von Filmtyp zu Filmtyp anders ausfällt. In den Datenblättern der Filmhersteller finden sich auch Angaben über das Schwarzschildverhalten des jeweiligen Filmtyps. So kann es beispielsweise vorkommen, daß bei einer gemessenen Verschlußzeit von 4 Sekunden tatsächlich 20 oder 30 Sekunden lang belichtet werden muß. Die Canon EOS 500N kann in den verschiedenen Betriebsprogrammen Verschlußzeiten bis zu 30 Sekunden automatisch steuern, so daß in diesem Bereich größte Vorsicht geboten und gegebenenfalls enstsprechende Belichtungskorrekturen erforderlich sind. Der Schwarzschild-Effekt macht sich nämlich auch bei automatischer Belichtung genauso wie bei manueller Einstellung bemerkbar.

Langzeitbelichtungen von mehr als 30 s können in der Bulb-Einstellung durchgeführt werden, die in M am Ende der Verschlußzeitenreihe nach der Anzeige 30" erscheint

Grundelemente und Kenndaten der Canon EF-Objektive

Mit den Canon EF-Objektiven steht dem EOS 500N Besitzer ein umfangreiches Objektivsystem zur Verfügung, mit dem jede fotografische Aufgabe erfüllt werden kann. Die EF-Objektive, zu denen Objektive mit Festbrennweiten, Zoomobjektive und Spezialobjektive zählen, decken einen Brennweitenbereich von 14

Die EF-Objektive sind eine gelungene Synthese aus Optik, Mechanik und Elektronik (Abb. Canon)

mm bis 1200 mm ab. Die Bezeichnung EF steht für Electronic Focus oder Electronic Focusing. Bei den EF-Objektiven, die alle einen eingebauten AF-Motor haben, erfolgt die Übertragung sämtlicher Funktionen und Daten zwischen Kamera und Objektiv ausschließlich elektronisch. Die EF-Objektive sind mit einer Leiste mit vergoldeten Kontakten ausgestattet und verfügen somit über keine mechanischen Übertragungselemente. Daher ragen keine Hebel oder andere Steuerelemente aus dem Bajonett heraus, die, wenn das Objektiv auf die Rückseite gestellt wird, beschädigt werden könnten. Dennoch sollte man die EF-Objektive aber nicht auf die Rückseite stellen, weil sonst die Hinterlinse und vielleicht auch die Goldkontakte verschmutzt oder sogar beschädigt werden könnten. Natürlich hat auch das Kameragehäuse eine Leiste mit acht vergoldeten Kontaktstiften, die einzeln gefedert sind, damit ein besserer Kontakt gewährleistet ist und damit sie beim Objektivwechsel nicht verbogen werden. Unerläßlich für den richtigen Einsatz der Canon EF-Objektive ist die Kenntnis ihrer wichtigsten Grundelemente und Kenndaten, die nachfolgend kurz erläutert werden.

Der Bajonettanschluß

Das Bajonett der EOS 500N sorgt für die präzise Ausrichtung der Objektivachse zur Filmebene und darf auf keinen Fall beschädigt werden

Das Bajonett hat als Verbindungsstück zwischen Wechselobjektiven und Kamera wichtige Funktionen. Es muß sehr präzise gefertigt sein, damit die Objektivachse stets vollkommen senkrecht zur Filmebene ausgerichtet bleibt. Die elektronischen Funktionen zwischen Kamera und Objektiv müssen perfekt übertragen werden, so daß Kamera- und Objektivbajonett optimal aufeinander abgestimmt sein müssen. Das Bajonett der EOS 500N und das vieler EF-Objektive ist aus Kunststoff gefertigt. Bei gewöhnlichem Einsatz erfüllt dieses Kunststoffbajonett die Anforderungen,

die an ein gutes Bajonett gestellt werden. Lediglich im harten Profieinsatz oder bei übertrieben häufigem Objektivwechsel über Jahre hinweg, kann der Materialverschleiß dem Kunststoffbajonett zusetzen. Und daß man an das Bajonett einer auf Stativ befestigten Kamera keine schweren Teleobjektive anschließen sollte, gilt sowohl für Metall- als auch für Kunststoffbajonette. Wenn man in solchen Fällen das Objektiv auf dem Stativ befestigt, kann man ohne Bedenken die EOS 500N auch an ein lichtstarkes 600er Tele anschließen.

Die acht vergoldeten Kontaktstifte sind einzeln gefedert, damit sie beim

Im Zusammenhang mit dem Bajonett ist auch das Auflagemaß sehr wichtig. Als Abstand zwischen Bajonett und Filmebene, ist es ein Konstruktionselement der Kamera. Bereits kleinste Abweichungen des Auflage-

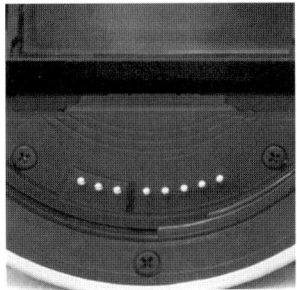

Objektivwechsel nicht verbogen werden. Rechts die entsprechenden Kontaktflächen am Objektiv

maßes können große Auswirkungen auf die Scharfeinstellung vor allem bei unendlich (größeres Auflagemaß durch Rand-erhebungen an Dellen im Bajonett) oder auf die Schärfe bei offener Blende haben (Auflagemaß nicht vollkommen parallel zur Filmebene).

Die Objektivfassung

Die optische Leistung eines tadellos korrigierten Objektivs kann teilweise erheblich beeinträchtigt werden durch unpräzise Fassung der Linsen im Objektivtubus oder durch einen ungenauen Schneckengang. Die Linsen und Linsengruppen müssen in der Objektivfassung (im Objektivtubus) in genau berechneten Abständen positioniert und zentriert werden. Je genauer die Zentrierung erfolgt, desto besser die Abbildungsqualität des Objektivs. Die Zentrierung muß bei jeder Betriebstemperatur in vollem Umfang erhalten bleiben. Daher sollte die Objektivfassung aus einem Material gefertigt sein, das weitgehend unempfindlich auf große Temperaturschwankungen reagiert. Dasselbe gilt auch für die Einstellschnecke (den Schnek-kengang). Wenn beide Teile der Einstellschnecke aus dem gleichen Material oder aus Materialien mit nahezu identischen thermischen Ausdehnungskoeffizienten gefertigt sind, kann man jederzeit leichtgängig und präzise fokussieren. Die Objektivfassung und sämtliche (vom Strahlengang aus »sichtbaren«) Objektivteile sollten eine spezielle, lichtabsorbierende Struktur aufweisen und mit einer schwarzen, nichtreflektierenden Farbbeschichtung überzogen sein.

Die EF-Objektive sind mit einer Leiste mit acht vergoldeten Kontakten ausgestattet und verfügen über keine mechanischen Übertragungselemente

Wichtig sind auch die Drehmomente der Einstellschnecke und die Führungscharakteristik. Optimal ist die Geradführung, bei der die Position der Frontlinse und der Frontlinsenfassung unverändert bleibt. Das erleichtert den Einsatz von Polarisations-, Verlaufoder Trickfilter, weil die einmal eingestellte Filterposition und somit die Filterwirkung durch das Fokussieren nicht mehr verändert wird. Allerdings haben einige der preisgünstigen EF-Objektive keine Geradführung.

Bei Objektiven mit Geradeführung dreht sich die Frontlinsenfassung beim Fokussieren nicht mit

Die Blende

Die Blende ist eine mechanische Vorrichtung, die in jedem Objektiv den Strahlenraum und somit das einfallende Strahlenbündel begrenzt. Die Blende an sich ist auch bei den EF-Objektiven eine mechanische Konstruktion, die aber elektromagnetisch gesteuert wird. In jedem EF-Objektiv ist ein EMD-System eingebaut (EMD = Elektro Magnetic Diaphragm), das aus einer Einheit zum Öffnen der Blendenlamellen und einem Schrittmotor mit kleinem Rotordurchmesser besteht. Das EMD-System ist computergesteuert, eine wichtige Voraussetzung für den Einsatz der Schärfentiefenautomatik. Eine Blende, die der Strahlenbegrenzung dient, wird Öffnungsoder Aperturblende genannt. Bei den EF-Objektiven wird eigentlich nur noch die Irisblende als Konstruktionsform oder Konstruktions-prinzip eingesetzt. Die Irisblende besteht aus mehreren meist sichelförmigen Lamellen, die sich praktisch stufenlos schließen lassen. Die Blendenöffnung wird als Bruchteil der Brennweite angegeben und als Öffnungsverhältnis ausgedrückt. Ein Öffnungsverhältnis von 1:8 besagt, daß die wirksame Öffnung achtmal kleiner als die Brennweite ist. Der Kehrwert des Öffnungsverhältnisses ist die Blendenzahl, in unserem Beispiel die Blenden-

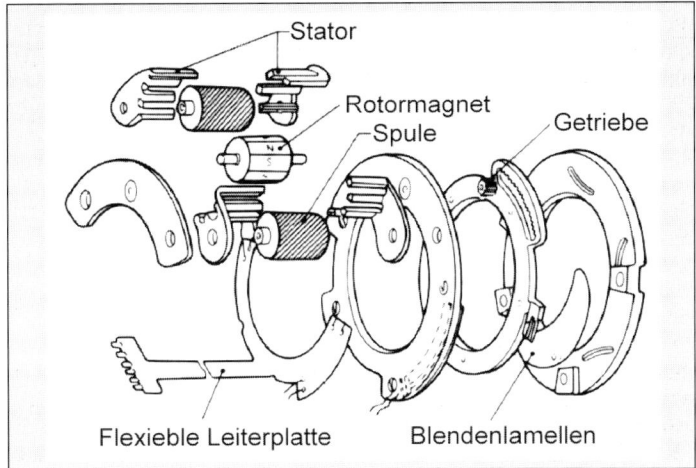

Die Blende der EF-Objektive wird elektromagnetisch bewegt. Das EMD-System besteht aus einem kleinen Schrittmotor und einer Einheit zum Öffnen der Blendenlamellen. (Abb. Canon)

Eine kleine Blendenöffnung wird durch eine große Blendenzahl ausgedrückt

zahl 8. Daraus folgt, daß eine größere Blendenzahl einer kleineren Blendenöffnung entspricht. Üblicherweise (aber auch fälschlicherweise) wird im Sprachgebrauch der Fotografen die Blendenzahl als Blende bezeichnet (»Blende 8« statt Blendenzahl 8). Bei der EOS 500N wird die Blendenzahl in halben Stufen im Sucher und auf dem Datenmonitor angezeigt. Die Blendenöffnung ist wichtig für die Bildgestaltung mit der Schärfentiefe. Bei gleichem Abbildungsmaßstab ist die Schärfentiefe umso größer je kleiner die Blendenöffnung und umgekehrt.

Die Irisblende der Kleinbildobjektive ist, mit wenigen Ausnahmen, als Springblende konzipiert. Bei einer Springblende bleiben die Blendenlamellen bei der Scharfeinstellung und bei der Belichtungsmessung beziehungsweise Belichtungseinstellung geöffnet (Offenblendenmessung). Beim Druck auf den Auslöser wird die Blende auf den vorgewählten Wert geschlossen, bevor der Verschluß geöffnet wird. Unmittelbar nach der Belichtung wird die Blende wieder ganz geöffnet. Dadurch steht dem Fotografen, vom Augenblick der Belichtung abgesehen, stets ein helles Sucherbild zur Verfügung.

An die Funktion der Blende werden hohe Anforderungen gestellt. Die Blende muß auch bei extremen Temperaturbedingungen genau auf den vorgegebenen Wert schließen. Die Blendenöffnung muß außerdem sehr genau reproduzierbar sein. Ein langer Schließweg bei kurzer Schließzeit sowie ein minimaler Prellschlag bieten die besten Voraussetzungen dafür. Als Prellschlag wird das kurze Zurückschnellen der Blendenlamellen auf eine größere Öffnung bezeichnet, das durch das abrupte Stoppen der Lamellen am Anschlag für die vorgewählte Blende hervorgerufen wird.

Entfernungs- und Schärfentiefenskala

Damit ein scharfes Bild entsteht, muß die Bildebene mit der Filmebene übereinstimmen. Bei einer Autofokuskamera wie der EOS 500N geschieht dies bei Verwendung von EF-Objektiven automatisch. Die meisten EF-Objektive sind mit einer mehr oder weniger großzügig gestalteter Entfernungs- und Schärfentiefenskala ausgestattet. Die per Autofokus oder manuell eingestellte Entfernung kann auf der Entfernungsskala abgelesen werden. Die Entfernungsskala ist normalerweise auf dem Fokussiertubus markiert und dreht sich, auch bei Innenfokussierung, mit der Einstellschnecke (es sei denn, man fokussiert im Nahbereich manuell über ein Balgengerät). Die Entfernungseinstellung für unendlich ist durch das entsprechende Symbol (eine liegende Acht) gekennzeichnet und befindet sich am Anschlag der eingefahrenen Einstellschnecke. Bei Einstellung auf unendlich entspricht die Bildweite der Brennweite, während beim Abbildungsmaßstab 1:1 die Bildweite doppelt so groß wie die Brennweite ist. Die Entfernung wird üblicherweise in Meter und in Feet angegeben.

Schärfentiefenskala eines Canon EF-Objektivs

Die große, vielleicht sogar die eigentliche Bedeutung der Entfernungsskala besteht aber in der Bestimmung der Schärfentiefe. Bei den besagten EF-Objektiven ist auf der Objektivfassung eine zweite Skala eingraviert, die aus paarweise um die zentrale Indexmarke symmetrisch angeordneten Blendenzahlen besteht. Auf der Schärfentiefenskala kann der Bereich der Schärfentiefe bei der eingestellten Entfernung und Blende abgelesen werden. Die Schärfentiefenskala ist auch unerläßlich für die schnelle Einstellung der hyperfokalen Distanz. Bei einigen Objektiven findet sich zusätzlich eine Infrarotmarkierung, die aber in der Infrarotfotografie lediglich als Anhaltspunkt dienen kann. Die angegebene Fokusdifferenz gilt nämlich streng genommen nur für die Unendlicheinstellung, für einen bestimmten Infrarotfilm und für ein bestimmtes Filter.

Die Schärfentiefenskala ist für die Naheinstellungen auf unendlich wichtig

Die EOS 500N verfügt nicht über eine Abblendtaste, so daß die Schärfentiefenskala am Objektiv einen Anhaltswert für die Ausdehnung der Schärfentiefe liefert.

Die Autofokuselemente

Für die automatische Scharfeinstellung wird, unabhängig vom Funktionsprinzip, ein Autofokusmotor benötigt, der die Einstellschnecke bewegt. Der Autofokusmotor ist bei den EF-Objektiven im Objektiv-körper untergebracht. Das ist ein Vorteil gegenüber solchen Konstruktionen, bei denen sich der Autofokusmotor im Kameragehäuse befindet, weil die Einstellschnecke über eine Achse gedreht wird, die durch das Anschlußbajonett läuft. Die EF-Objektive sind außerdem mit einem Mikrocomputer ausgestattet, der vor allem dem Datenaustausch zwischen Kamera und Objektiv dient.

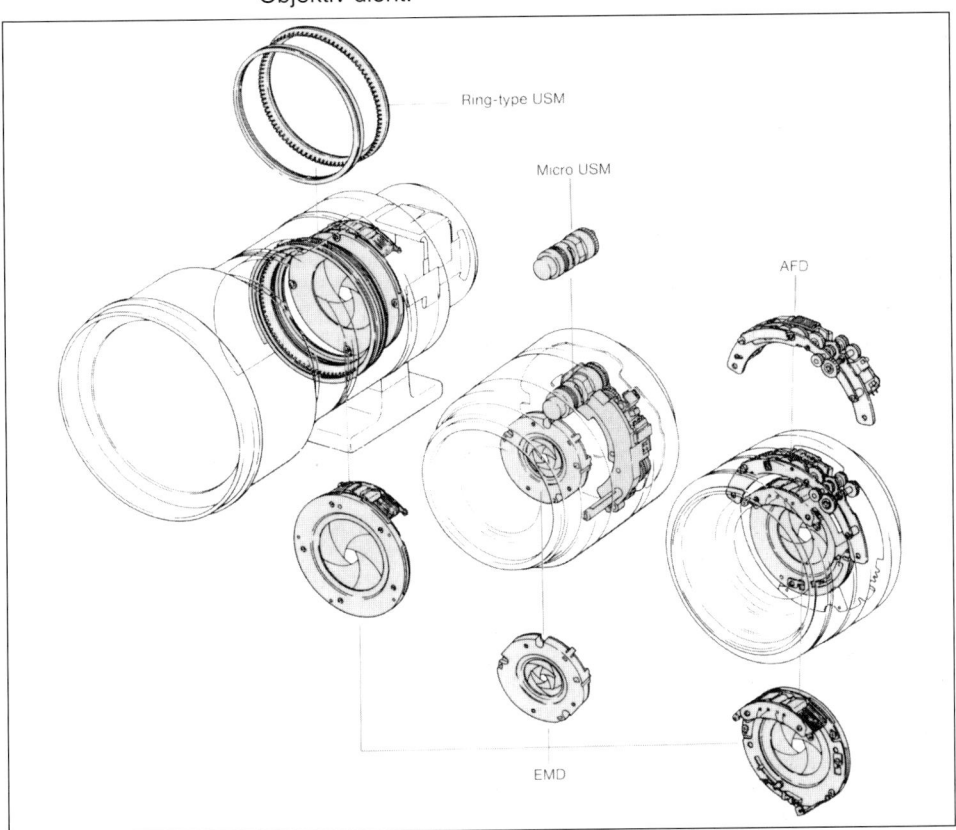

Die Abbildung zeigt die Elemente der drei AF-Motoren, die Canon gegenwärtig in die EF-Objektive einbaut: USM-Ringmotoren, Micro-USM Motoren und Bogenmotoren
(Abb. Canon)

Die AF-Sensoren und die Computereinheit für die AF-Messung und die AF-Steuerung befinden sich im Kameragehäuse. Der AF-Motor und der Antriebmechanismus sind in den Canon EF-Objektiven untergebracht (EF = Electro Focus oder Electro Focusing). Gegenwärtig setzt Canon drei verschiedene AF-Motoren in die EF-Objektive ein: Bogenmotoren (AFD = Arc Form Drive), USM-Ringmotoren (USM = Ultrasonic Motor, Ultraschallmotor) und den neuen Micro-USM, einen kleinen, zylinderförmigen Ultraschallmotor. AFD-Motoren erzeugen ein hohes Drehmoment und lassen sich aufgrund ihres kleinen Rotordurchmessers sehr schnell starten und stoppen. Beide Typen der USM-Motoren sprechen noch schneller an und arbeiten mit extrem niedrigen Betriebsgeräuschen.

99

Optisches Glas

Das optische Glas ist ein Spezialglas mit besonderen Eigenschaften, das hauptsächlich aus Kieselsäure (Quarzsand), Metalloxy-
den (Kalk- oder Bleiverbindungen) und Erdalkalimetallen (Natri-
um- oder Kaliumverbindungen) erschmolzen wird. Die Eigenschaften der optischen Gläser lassen sich durch die Beimischung
bestimmter Stoffe, wie Lanthan, Molybden, Wolfram, Thorium, Tantal,
Barium, Kadmium oder Zink genau steuern. Die optischen Gläser
werden durch Brechung und Dispersion beziehungsweise durch die
Brechzahl und die Abbesche Zahl (Abbe-Zahl) bestimmt.

Das optische Glas hat einen entscheidenden Einfluß auf die Abbildungsqualität der Objektive

Die Brechung (Refraktion) des Lichtes ist die Änderung der
Ausbreitungsgeschwindigkeit und somit der Ausbreitungsrichtung
einer Lichtwelle beim Durchdringen einer Grenzfläche zwischen
zwei Medien (brechende Fläche). Die Brechzahl, auch Bre-
chungszahl oder Brechungsindex genannt, ist eine Materialkon-
stante, die für die Ausbreitung einer elektromagnetischen Welle,
vor allem einer Lichtwelle, in dem jeweiligen Material maßgeblich
ist. Die Brechzahl eines Mediums ist das Verhältnis zwischen der
Lichtgeschwindigkeit im Vakuum und der im betreffenden Medium. Optische Gläser haben Brechzahlen zwischen 1,45 (Leicht-
kron) und 1,96 (Schwerflint). Die Brechung beziehungsweise die
Brechzahl ist nicht nur vom Material, sondern auch von der
Wellenlänge des Lichtes abhängig, weil verschiedene Wellenlängen unterschiedliche Fortpflanzungsgeschwindigkeiten haben.
Üblicherweise wird die Brechzahl bei einer Wellenlänge von 587,6
Nanometer bestimmt (d-Linien des Heliums). Jede Wellenlänge
hat im jeweiligen Medium eine andere Brechzahl, so daß sie
unterschiedlich stark gebrochen wird. Kurzwellige blaue Strahlen
werden stärker gebrochen als mittelwellige grüne und als langwel-
lige rote Strahlen. Die spektrale Zerlegung der Lichtstrahlen beim
Durchgang durch ein anderes optisches Medium wird als Dispersion bezeichnet. Die Dispersion eines optischen Mediums wird
durch die Abbesche Zahl gekennzeichnet, die in Abhängigkeit von
der Brechzahl des Mediums bei der Helium-d-Linie errechnet wird.
Eine große Farbzerstreuung (Dispersion) wird durch eine kleine
Abbesche Zahl ausgedrückt.

Eine noch bessere Korrektion der als sekundäres Spektrum
bezeichneten Farbrestfehler wird durch neuentwickelte Spezial-
gläser erreicht, die eine hohe Brechzahl bei geringer Dispersion
aufweisen. Die Canon UD-Gläser (Ultra Low Dispersion) werden aus
Calciumfluorid gefertigt und bei apochromatisch oder nahezu apochromatisch korrigierten Objektiven eingesetzt.

Die Canon UD-Gläser eignen sich hervorragend für die Reduktion der als sekundäres Spektrum bekannten Farbrestfehler

An die Qualität der optischen Gläser werden sehr hohe Anforderungen gestellt. Sie müssen frei sein von Blasen und Schlieren,
eine hohe Lichtdurchlässigkeit sowie eine neutrale Farbwiedergabe aufweisen. Die Herstellung optischer Gläser ist ein aufwendi-
ges Verfahren. Die Rohstoffe, die keine Verunreinigungen enthal-
ten dürfen, werden fein gemahlen und gründlich gemischt. In
Spezialgefäßen aus Platin oder Quarz wird das Gemisch in einem
Schmelz- oder Induktionsofen auf bis zu 1500 °C sorgfältig erhitzt.

Die Schmelze wird anschließend geläutert und während mehreren Wochen unter strenger Kontrolle langsam abgekühlt (temperiert). Die langsame Kühlung verhindert, daß Spannungen im Glas entstehen. Ein Glas mit Spannungen kann bei der Bearbeitung zerbrechen. Spannungen im Glas können unter polarisiertem Licht erkannt werden. Nur spannungsfreies Glas ist isotrop und weist somit gleichmäßige Brechung auf. Außerdem wird die Struktur des Glases von den Abkühlbedingungen mitbestimmt, so daß der Abkühlprozeß die Brechzahl entscheidend beeinflußt.

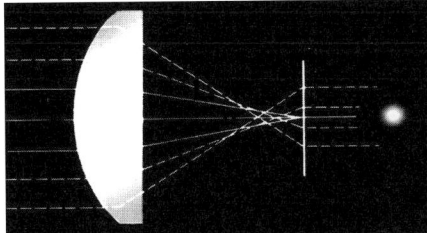

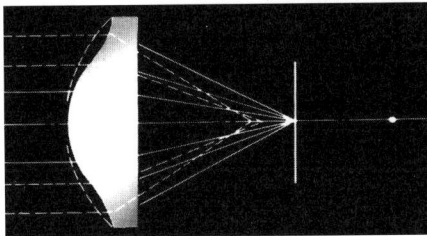

Die Randstrahlen werden bei sphärischen Linsen (Abb. oben), durch die Kugelgestalt bedingt, stärker gebrochen als achsennahe Strahlen, was eine unscharfe Abbildung erzeugt. Bei asphärischen Linsen (Abb. unten) haben Randstrahlen und achsennahe Strahlen einen gemeinsamen Brennpunkt. Die Abbildung ist scharf (Abb. Canon)

Für die Herstellung der Linsen gibt es grundsätzlich zwei Verfahren: Ein Linsenrohling kann entweder durch Schneiden oder durch Warmpressung in die nahezu endgültige Form gebracht werden. Der Rohling wird anschließend mit Schleifköpfen aus Diamant geschliffen und poliert. Die endgültige Form der meisten Linsen ist sphärisch. Canon ist einer der Hersteller, der auch asphärische Linsen (mit mehreren Krümmungsradien) bei hochkorrigierten Objektiven einsetzt. Weil die asphärischen Linsen von der Kugelform abweichen und mehrere Krümmungsradien aufweisen, sind sie praktisch frei von Kugelgestaltsfehlern (sphärische Aberration).

Seit mehreren Jahren setzen einige Hersteller auch sogenannte »Kunststofflinsen« bei der Objektivkonstruktion ein. Es gibt vor allem zwei »organische Gläser«, die (eigentlich nur bei billigen Objektiven) Verwendung finden: Polystyrol hat ähnliche Eigenschaften wie Flintglas und Polymethylmethacrylat ist mit Kronglas vergleichbar. Das Angebot an »organischen Gläsern« ist recht gering, so daß für gut korrigierte Objektivrechnungen nicht genügend Sorten mit unterschiedlichen Brechungs- und Dispersionseigenschaften zur Verfügung stehen. »Kunststofflinsen« eignen sich nicht für Hochleistungsobjektive, weil sie weicher und mechanisch empfindlicher als optisches Glas sind und einen hohen Ausdehnungskoeffizienten bei Wärme haben. Nach unseren Informationen verwendet Canon aus diesen Gründen keine »Kunststofflinsen«, sondern Linsen aus optischem Glas oder aus Calciumfluorid.

Die Vergütung

Bei modernen Objektiven mit mehreren Glas-Luft-Flächen hat die Vergütung einen großen Einfluß auf die allgemeine Abbildungsqualität

Ein Teil des Lichtes, das auf eine Grenzfläche zwischen zwei Medien auftrifft, wird zurückgeworfen. Eine solche Grenzfläche stellt jede Glas-Luft-Fläche einer Linse dar. Bei einem Objektiv sind folglich mehrere Glas-Luft-Flächen vorhanden. An jeder Glas-Luft-Fläche entsteht ein Lichtverlust durch Reflexion (beziehungsweise Teilreflexion), der, je nach Brechzahl des Glases, 4 bis 8 Prozent betragen kann (das wird durch die Fresnelschen

Eine schlechte Vergütung führt zu einer flauen Wiedergabe (unten), während eine hochwertige Vergütung die Kontrastübertragung steigert (oben)

Reflexionsformeln genau errechnet). Die an den Linsenflächen im Innern des Objektivs reflektierten Lichtstrahlen treffen auf andere Flächen, von denen sie mehrfach zurückgeworfen werden. Auf diese Weise entsteht Streulicht (»vagabundierendes« Licht, Falschlicht), das in die Bildebene gelangt und durch Schleierbildung die Kontrastwiedergabe reduziert. Jede Reflexion oder Teilreflexion verschlechtert somit die Abbildungsqualität. Bei einem aus mehreren Linsen aufgebauten Objektiv würden sich die Reflexionen an jeder Glas-Luft-Fläche summieren, so daß mit einem erheblichen Lichtverlust und einer deutlichen Verschlechterung der Bildgüte zu rechnen wäre. Durch Reflexion an den verschiedenen Glas-Luft-Flächen eines Objektivs können auch Nebenbilder entstehen. Vor allem bei Gegenlichtsituationen kann eine starke Lichtquelle meistens mehrfache Abbildungen der Blendenöffnung (Blendenreflexe, Blendenflecken) oder sogar der Lichtquelle selbst hervorrufen.

Die Vergütung kann, vor allem bei Gegenlicht, unerwünschte Reflexionen unterdrücken

Die Vergütung muß auf die jeweilige Glassorte abgestimmt sein und geht in die Objektivrechnung mit ein

Das Reflexionslicht kann durch Vergütung erheblich reduziert werden. Die Vergütung, auch Entspiegelung genannt, kann aus einer Schicht oder aus mehreren Schichten (Mehrschichtenvergütung, Multicoating) bestehen. Die Antireflexschichten aus Magnesiumfluorid oder anderen Leichtmetallfluoriden werden auf die Linsenoberflächen im Hochvakuum aufgedampft. Die Dicke einer Schicht muß genau ein Viertel der Wellenlänge des Lichtes messen, dessen Reflexion ausgeschaltet werden soll. Mit einer Vergütungsschicht kann nämlich nur die Reflexion einer bestimmten Wellenlänge des Lichtes ausgeschaltet werden. Folglich liegt es nahe, für jede Wellenlänge des sichtbaren Lichtes je eine darauf abgestimmte Schicht aufzudampfen. Tatsächlich läßt sich mit jeder zusätzlichen Vergütungsschicht die Reflexion in einem größeren Spektralbereich ausschalten. Welche Wellenlängen beziehungsweise Farben durch die Vergütung nicht ausgeschaltet sondern reflektiert werden, kann man am Farbschimmer der Vergütung erkennen. Daraus kann man aber keine Rückschlüsse auf die spektrale Transmission und somit auf die Farbcharakteristik eines Objektives ziehen. Durch die Glassorten (bei metallsalzhaltigen Gläsern sind sogar Farbverschiebungen möglich) und die Objektivkonstruktion (Anzahl der Linsen) kann sozusagen von Hause aus eine wärmere oder kältere Farbwiedergabe erfolgen, die durch die Vergütung mehr oder weniger kompensiert wird.

Canon hat mit der Super Spectra Coating eine hochwertige Mehrschichtenvergütung entwickelt

In der Praxis bringt aber der inflationäre Einsatz der Mehrschichtenvergütung nicht immer eine Verbesserung der Abbildungsqualität. Theoretisch läßt sich durch jede zusätzliche Vergütungsschicht die Reflexion vermindern und die Transmission (Lichtdurchlässigkeit) erhöhen. In Wirklichkeit hat aber jede Vergütungsschicht eine gewisse lichtabsorbierende Wirkung, so daß die tatsächliche Transmission, je nach Dicke der Schichten, niedriger als die theoretische ist. Auch aus diesem Grunde muß die Vergütung differenziert erfolgen. Bei den Canon EF-Objektiven beispielsweise wird die Oberflächenvergütung auf jede Glassorte individuell abgestimmt. Canon bezeichnet diese Art der Vergütung als Super Spectra Coating (SSC). Bei UD-Gläsern verwendet Canon eine besondere SSC-Vergütung, die speziell für diese Gläser entwickelt wurde. Die Vergütung wird außerdem auch durch die jeweilige Objektivkonstruktion im Rahmen der Computerrechnung bestimmt.

Die Brennweite

Die Brennweite ist die wichtigste Kenngröße eines Objektivs

In der Kleinbildfotografie werden die Objektive vor allem durch zwei feststehende Werte definiert, nämlich die Brennweite und die relative Öffnung (Anfangsöffnung). Diese Werte werden auch Objektivkonstanten genannt. Für die Beschreibung eines Objektivs ist auch der auf das Bildformat bezogene Bildwinkel von Bedeutung. Bei Shiftobjektiven gehört auch der Bildkreis zu den wichtigen Objektivdaten.

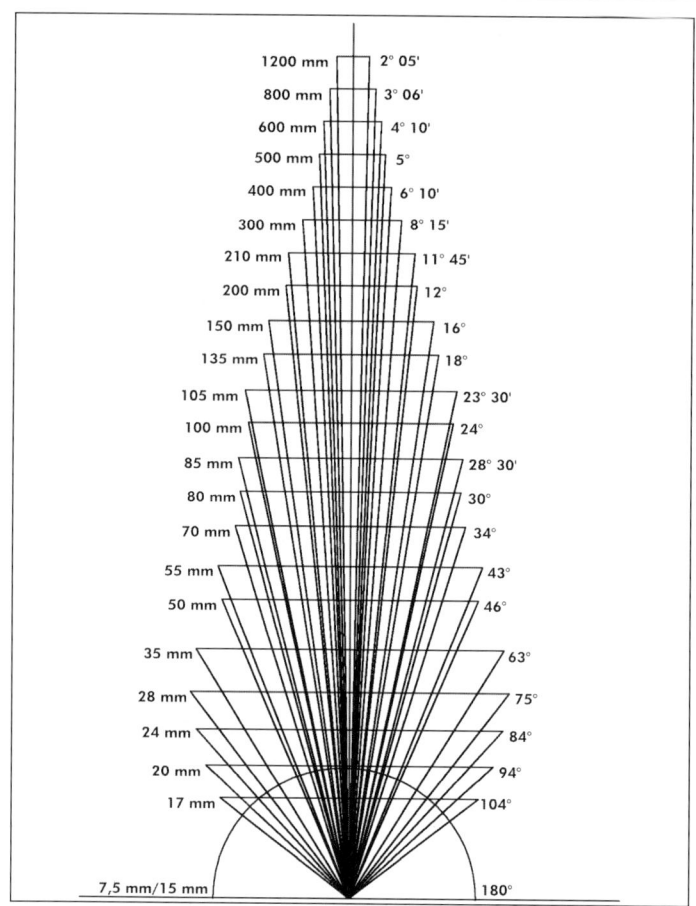

1200 mm	2° 05'
800 mm	3° 06'
600 mm	4° 10'
500 mm	5°
400 mm	6° 10'
300 mm	8° 15'
210 mm	11° 45'
200 mm	12°
150 mm	16°
135 mm	18°
105 mm	23° 30'
100 mm	24°
85 mm	28° 30'
80 mm	30°
70 mm	34°
55 mm	43°
50 mm	46°
35 mm	63°
28 mm	75°
24 mm	84°
20 mm	94°
17 mm	104°
7,5 mm/15 mm	180°

Die Abbildung zeigt die gängigen Kleinbild-Brennweiten im Verhältnis zum diagonalen Bildwinkel, wobei auch der erfaßte Bildausschnitt abgelesen werden kann

Die Brennweite ist wohl die wichtigste Kenngröße eines Objektivs und ist auf jedem EF-Objektiv in Millimeter eingraviert. Eigentlich hat jedes Objektiv zwei Brennweiten, nämlich eine im Bildraum und eine im Gegenstandsraum. Man unterscheidet folglich zwischen einer Gegenstands- und einer Bildbrennweite. Die Brennweite wird, vereinfacht ausgedrückt, durch den Abstand des gegenstandsseitigen beziehungsweise bildseitigen Brennpunktes zum entsprechenden Hauptpunkt dargestellt. Wenn die Brennweite eines Objektivs oder einer Linse als die wichtigste Kenngröße angegeben wird, ist eigentlich immer die Bildbrennweite damit gemeint. Die Brennweite eines Objektivs hängt von verschiedenen Faktoren ab, wie beispielsweise Dicke, Krümmung, Glassorten, Brechungsfaktoren und Kombination der Linsen. Die Brennweite ist ausschlaggebend für den Abbildungsmaßstab, den Objektivauszug und das Öffnungsverhältnis.

Bei gleichbleibender Aufnahmeentfernung bestimmt die Brennweite die Abbildungsgröße

Die Brennweite bestimmt (neben der Aufnahmeentfernung) wie groß ein Objekt in der Bildebene abgebildet wird. Sämtliche Objektive mit identischer Brennweite bilden ein und dasselbe

Motiv bei gleichbleibender Aufnahmeentfernung stets in derselben Größe ab. Um das an einem Beispiel zu zeigen: Ein Objektiv mit Brennweite 180 mm bildet einen 15 Meter entfernten Gegenstand in einer Größe von sagen wir 2,1 Zentimeter ab, und zwar unabhängig davon, ob das Objektiv an einer Kleinbild-, Mittelformat- oder Großformatkamera befestigt ist. Der einzige Unterschied besteht darin, daß je größer das Aufnahmeformat, desto mehr Umfeld abgebildet wird. Außerdem ist es wichtig zu wissen, daß sich die Abbildungsgröße proportional zur Brennweite verhält. Bei gleichbleibendem Aufnahmeabstand bewirkt eine Verdoppelung der Brennweite die Verdoppelung der Abbildungsgröße und umgekehrt. Gehen wir von folgendem Beispiel aus: Ein Gegenstand wird mit einem 50 mm Objektiv 1,2 Zentimeter groß abgebildet. Ein 100 mm Objektiv bildet den selben Gegenstand 2,4 Zentimeter groß ab, während die Abbildung mit einem 25 mm Objektiv nur 0,6 Zentimeter groß ist (gleicher Aufnahmeabstand in allen drei Fällen vorausgesetzt). Der vom 50 mm Objektiv erfaßte Motiv- beziehungsweise Bildausschnitt wird halb so groß sein wie der Bildausschnitt des 25 mm Objektivs und doppelt so groß wie der Bildausschnitt des 100 mm Objektivs (ebenfalls bei gleichbleibender Aufnahmedistanz). Diese Angaben beziehen sich auf die Länge oder die Höhe des Aufnahmeformats. Durch die Verdoppelung der Länge oder der Höhe entsteht die vierfache Fläche. Die Perspektive wird von der Brennweite aber in keiner Weise beeinflußt.

Die Bezeichnung der Brennweite als normal, lang, oder kurz und die eines Objektivs als Normal-, Tele- oder Weitwinkelobjektiv ist immer auf die Diagonale des jeweiligen Aufnahmeformats bezogen. Ein 90 mm Objektiv ist bezogen auf das Kleinbildformat ein gemäßigtes Teleobjektiv, während es beim 6x7-Format der Normalbrennweite entspricht. Die Diagonale des Kleinbildformats beträgt 43,3 Millimeter. Als Normalobjektiv für das Kleinbildformat gilt ein Objektiv mit Brennweite 50 mm. Objektive mit kleineren Brennweiten als 35 mm gelten als Weitwinkelobjektive. Zu den Teleobjektiven werden Objektive mit längeren Brennweiten als 70 mm gezählt. All das entspricht natürlich nur einer groben Klassifizierung, wobei wir eine differenzierte Einteilung der Objektive in Brennweitengruppen in den Kapiteln über die Wechselobjektive vornehmen werden.

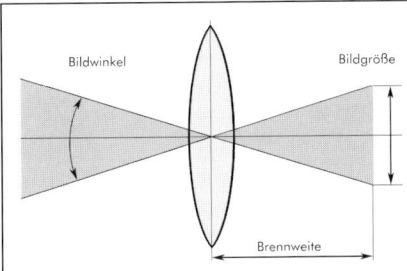

Vereinfachte grafische Darstellung der Brennweite, des Bildwinkels und der Bildgröße

Die Brennweite hat keinen Einfluß auf die Perspektive

Die relative Öffnung

Die relative Öffnung gehört neben der Brennweite zur »Visitenkarte« eines Objektivs. Nach der Definition bezeichnet man das Verhältnis des Durchmessers der vollen Eintrittspupille zur Brennweite als relative Öffnung. Die Eintrittspupille ist, vereinfacht ausgedrückt, das virtuelle Bild der Blendenöffnung, das beim Betrachten eines Objektivs durch die Frontlinse sichtbar (und meßbar) ist. Wenn ein Objektiv mit Brennweite 90 mm eine relative Öffnung von 1:2 hat, dann hat die Eintrittspupille einen Durchmesser von 45 Millimeter. Daraus folgt, daß der wirksame Durchmesser der Frontlinse nicht kleiner als 45 Millimeter sein darf. Die relative Öffnung wird auch Öffnungsverhältnis, Anfangsöffnung oder Lichtstärke genannt und entspricht der größten Blendenöffnung beziehungsweise der kleinsten Blendenzahl. Die Bezeichnung Lichtstärke ist aber irreführend, weil sie einen rein mathematischen oder geometrischen Wert darstellt, der die tatsächliche Lichtdurchlässigkeit (Transmission) eines Objektivs außer acht läßt. Der Lichtverlust durch Absorption und Reflexion wird aber bei der effektiven Öffnung oder effektiven Lichtstärke berücksichtigt. Bei hochwertigen Objektiven ist kein nennenswerter Unterschied zwischen relativer und effektiver Öffnung zu verzeichnen. Es gibt aber auch Objektive, bei denen der Unterschied zwischen relativer und effektiver Öffnung recht groß ist, so daß beispielsweise eine relative Öffnung von 1:1,4 dem Blendenwert 1,9 oder 2 entspricht. Der effektive Blendenwert liefert den Ausgangspunkt für die TTL-Messung der Kamera, so daß keine Fehlbelichtungen entstehen, die erforderliche Verschlußzeit aber entsprechend länger ist.

Rechte Seite:
Zwei Extreme Bildwinkel:
Weitwinkelaufnahme mit
20 mm-Objektiv (oben),
Teleaufnahme mit einem
200 mm-Objektiv (unten)

Die relative Öffnung ist ein geometrischer Wert und entspricht der größten Blendenöffnung beziehungsweise der kleinsten Blendenzahl eines Objektivs

Der Bildwinkel

Der Begriff Bildwinkel wird nicht selten auch in Fachkreisen mißverstanden. Das ist wohl darauf zurückzuführen, daß der Begriff Bildwinkel gleichzeitig eine Art Sammelbegriff darstellt und für verschiedene »Einzelbegriffe« eingesetzt wird, wie beispielsweise gesamter Bildwinkel, effektiver Bildwinkel, Feldwinkel, Formatwinkel oder Aufnahmewinkel. Außerdem hat der Bildwinkel in der Großformatfotografie eine andere Bedeutung und einen anderen Stellenwert (ermöglicht Kameraverstellungen) als in der Kleinbildfotografie (die Shiftobjektive ausgenommen). Versuchen wir nun die einzelnen Begriffe zu definieren und auseinander zu halten, was angesichts einiger von der DIN-Norm abweichender Definitionen nicht einfach ist.

Jedes Objektiv entwirft ein kreisförmiges Bild in der Bildebene, das zum Rand hin zunehmend unschärfer und dunkler wird. Dieses runde Bild wird als Bildkreis bezeichnet. Der Bildwinkel kann am einfachsten durch eine Dreieckkonstruktion veranschaulicht werden. Der Durchmesser des Bildkreises bei Einstellung des Objektivs auf unendlich gilt als Basis eines gleichschenkligen Dreiecks, dessen Spitze im bildseitigen Hauptpunkt liegt. Der von den beiden gleichen Schenkeln gebildete Winkel wird als gesamter Bildwinkel bezeichnet. Der scharf ausgezeichnete Bildkreis bildet den nutz-

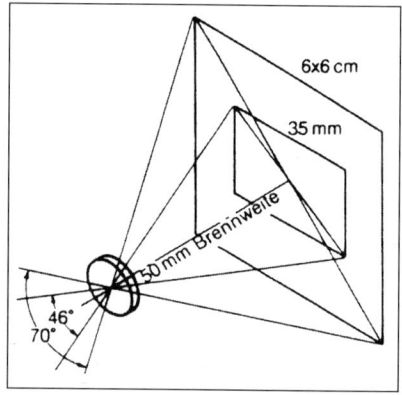

Der diagonale Bildwinkel wird auf das Aufnahmeformat bezogen, so daß ein 50 mm Objektiv im Kleinbildformat als Normalobjektiv und im 6x6-Format als Weitwinkelobjektiv gilt

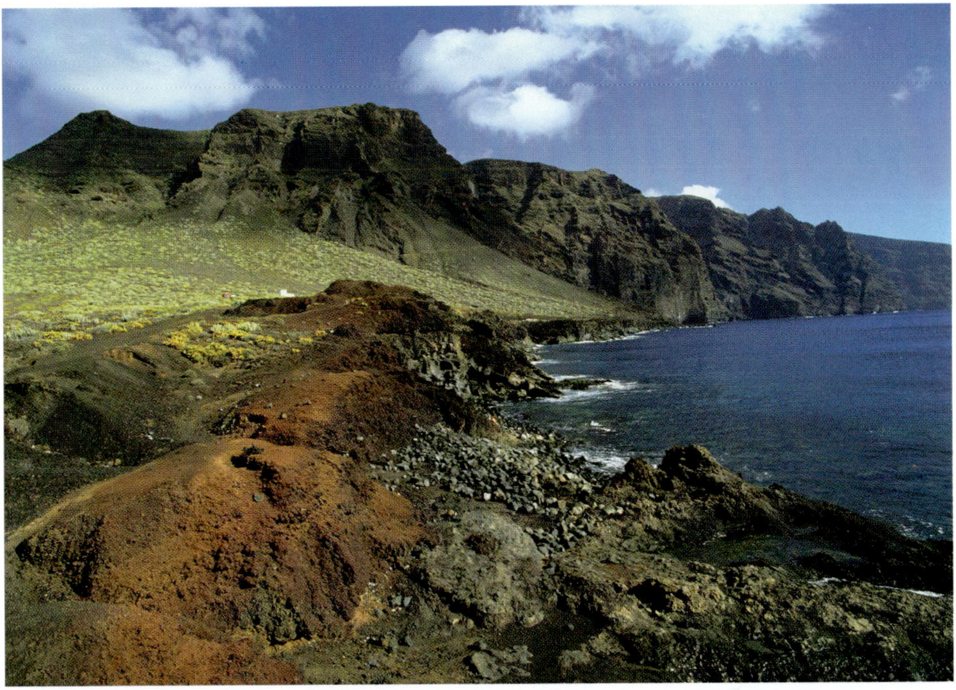

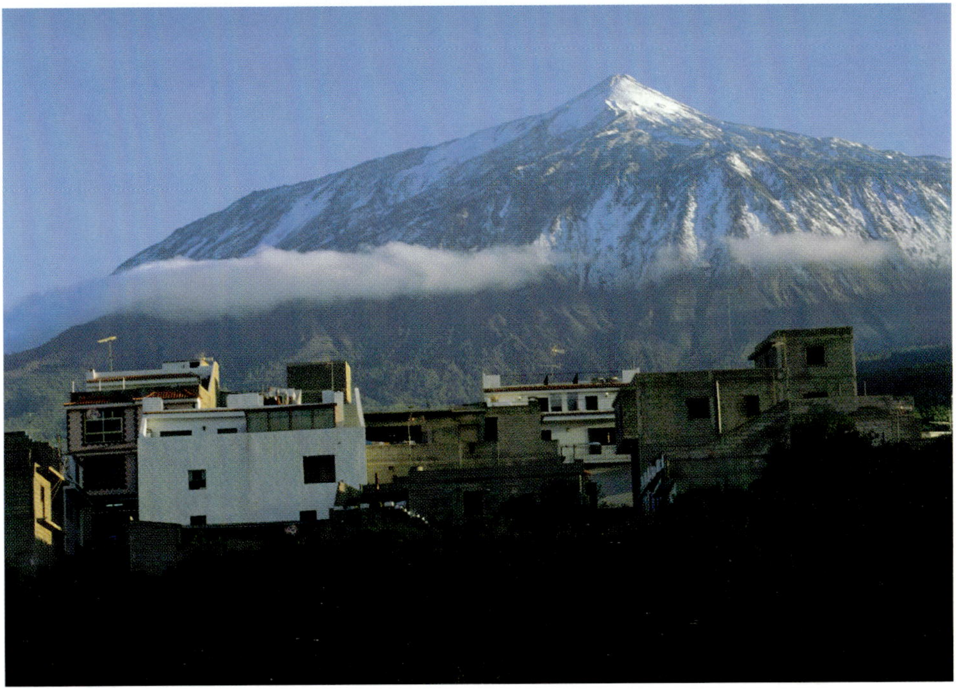

Die Diagonale des Kleinbildformates (24x36 mm) beträgt 43,3 mm

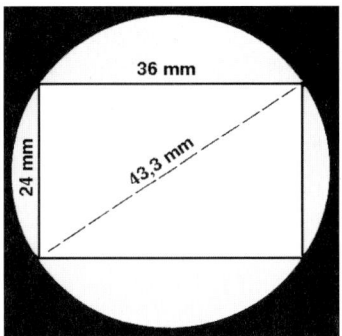

36 mm

24 mm

43,3 mm

Die Formatdiagonale ist identisch mit dem Durchmesser des Bildkreises, der das ganze Kleinbildformat auszeichnet

Linke Seite:
Teleobjektive sind auch für Schnappschüsse aus größerer Entfernunggut gut geeignet - eine sehr kurze Verschlußzeit für verwacklungfreie Teleaufnahmen vorausgesetzt

baren Bildkreis und ist bei Shiftobjektiven und vor allem bei Fachkameras wichtig. Der nutzbare Bildkreis wird als (nutzbarer) Bildkreisdurchmesser angegeben und ist ausschlaggebend für die Verstellmöglichkeiten. Wenn wir nun den nutzbaren Bildkreisdurchmesser als Basis unseres Dreiecks betrachten, dann ist der von den gleichen Schenkeln gebildete Winkel der nutzbare Bildwinkel. Der nutzbare Bildkreisdurchmesser und der nutzbare Bildwinkel sind nicht von der Brennweite und auch nicht vom Aufnahmeformat abhängig, sondern lediglich von der Konstruktionsart des Objektivs bestimmt. Der nutzbare Bildwinkel wird durch Abblenden geringfügig größer, weil die Randschärfe verbessert wird. Deutlicher fällt die durch den längeren Kamera- oder Objektivauszug im Nahbereich bewirkte Vergrößerung des nutzbaren Bildkreises aus.

Die von der Peripherie (Kreislinie) des nutzbaren Bildkreises begrenzte Fläche wird als Bildfeld definiert. Die Projektion des Bildes durch das Bildfenster der Kamera ergibt das effektive Aufnahmeformat (nicht mit dem genormten Nennformat zu verwechseln). Wenn wir die Diagonale des Aufnahmeformates als Basis unseres Dreiecks annehmen, dann bilden die beiden gleichen Schenkel den Aufnahmewinkel (Formatwinkel). In den technischen Daten der Kleinbildobjektive wird der Aufnahmewinkel auf das Nennformat bezogen und als diagonaler Bildwinkel oder schlicht als Bildwinkel bezeichnet. Dieser Bildwinkel (genauer der auf das Aufnahmeformat bezogene Aufnahmewinkel) ist abhängig von der Brennweite (und selbstverständlich von dem Aufnahmeformat). Um das an zwei Beispielen zu zeigen: Ein Kleinbildobjektiv mit Brennweite 21 mm hat einen Bildwinkel von 92°, während bei einem »Dreizehnfünfer« (Brennweite 135 mm) der Bildwinkel nur noch 18° beträgt. In der Kleinbildfotografie gilt ein Objektiv mit Brennweite 50 mm und einem Bildwinkel von etwa 45° als Normalobjektiv oder Normalbrennweite. Davon hängt auch die Einteilung der Objektive in Weitwinkel- oder Teleobjektive ab. Objektive mit einem größeren Bildwinkel als etwa 50° werden als Weitwinkelobjektive bezeichnet. Objektive mit einem kleineren Bildwinkel als etwa 40° können als Teleobjektive betrachtet werden. Das ist nur eine sehr grobe Einteilung, die verschiedene Abstufungen wie beispielsweise »gemäßigtes Teleobjektiv« oder »extremes Weitwinkelobjektiv« außer acht läßt.

Canon gibt in einigen Datenblättern auch den horizontalen und den vertikalen Bildwinkel an, also den Bildwinkel, der sich auf die lange respektive auf die kurze Seite des Aufnahmeformats bezieht. Im Zweifelsfall ist es aber sinnvoll, sich an der Angabe des diagonalen Bildwinkels zu orientieren. Die Formatdiagonale ist außerdem identisch mit dem Durchmesser des Bildkreises, der das ganze Format auszeichnet. Ferner erlaubt die Formatdiagonale einen direkten Bezug zum Bildkreisradius, auf dem die Bildhöhe angegeben wird (die Formatdiagonale ist mit dem Bildkreisdurchmesser identisch und somit doppelt so lang wie der Radius).

Die EF-Objektive nach Brennweitenbereichen

Die Eigenschaften und die Einsatzbereiche der einzelnen Objektive für die EOS 500N kann man am besten durch die Brennweite und den formatbezogenen Bildwinkel beschreiben. Es ist aber auch angesichts der vielen Zoomobjektive wenig praxisgerecht, jede einzelne Brennweite zu beschreiben. Zu gering und visuell fast nicht mehr wahrnehmbar sind beispielsweise die Unterschiede zwischen den Brennweiten 19 mm und 20 mm. Im Telebereich ist sogar ein Brennweitenunterschied von 20 mm, beispielsweise zwischen 180 mm und 200 mm, mit dem bloßen Auge nur noch, wenn überhaupt, im direkten Vergleich festzustellen. Daher ist es sinnvoll, auch im Hinblick auf die Zoomobjektive, die sozusagen stufenlos viele Brennweiten in einem Objektiv vereinen, die Charakteristiken der Wech-selobjektive nach Brennweitenbereichen zusammenzufassen und zu beschreiben. Dabei werden wir, wo es erforderlich ist, selbstverständlich auch auf feine Unterschiede zwischen den einzelnen Brennweiten innerhalb des jeweiligen Bereichs eingehen. Selbstverständlich gelten die Ausführungen über eine bestimmte Brennweite für alle Objektive dieser Brennweite. Nehmen wir die Brennweite 180 mm als Beispiel. Die Eigenschaften der Brennweite 180 mm sind nämlich bei allen Objektiven, mit denen sie erreicht wird, stets gleich. Für den Ausschnitt und die Perspektive eines Fotos spielt es überhaupt keine Rolle, ob die Aufnahme von einem bestimmten Standort bei Brennweite 180 mm mit einem Objektiv mit Festbrennweite oder mit einem Zoomobjektiv, mit einem Autofokusobjektiv oder mit einem Objektiv mit manueller Scharfeinstellung gemacht wurde. Unterschiede zwischen den einzelnen Objektiven gleicher Brennweite kann es lediglich in der Abbildungsqualität geben (Schärfe- und Kontrastwiedergabe, Verzeichnung, Vignettierung).

Am besten kann man die Eigenschaften und die Einsatzbereiche der Objektive nach Brennweitengruppen beschreiben

Der extreme Weitwinkelbereich (14 mm-20 mm)

Die Zeiten, als man extreme Weitwinkelobjektive nur dann einsetzte, wenn man vor einem großdimensionierten Motiv buchstäblich mit dem Rücken zur Wand stand, sind passé. Die extremen Weitwinkelobjektive im Bereich von 14 bis 20 Millimetern bewirken durch den großen Bildwinkel zwischen 114° und 94° (diagonal) eine andere, eher ungewohnte Sicht der Dinge. Ungewohnt, weil sie von unserem Blickwinkel und damit auch von unseren Sehgewohnheiten abweicht. Das kann einerseits neue kreative Möglichkeiten in der Bildgestaltung eröffnen, aber andererseits nicht nur Anfängern den Umgang mit diesen Objektiven erschweren. Der extreme Bildwinkel erfaßt einen großen Bereich, in dem sehr

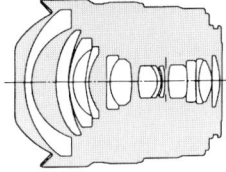

EF 2,8/14 mm

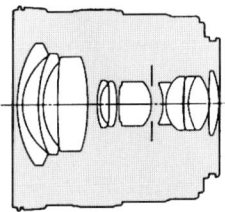

EF 2,8/20 mm

unterschiedliche Lichtverhältnisse und starke Motivkontraste herrschen können, was die TTL-Belichtungsmessung der EOS 500N manchmal auch irreführen kann. Unterbelichtete Aufnahmen wären eine mögliche Folge. Beim Ausrichten der Kamera oder bei der Bildkomposition können weitere Probleme auftreten.

Die Canon EF-Objektive in diesem Brennweitenbereich sind das EF 2,8/14 mm, EF 2,8/20 mm und die Zooms EF 2,8/17-35 mm, EF 2,8/20-35 mm und EF 3,5-4,5/20-35 mm. Solche extreme Weitwinkelobjektive erzeugen eine dramatische Raumwirkung. Durch die Nähe zum Hauptmotiv wird der Vordergrund sehr dominant wiedergegeben, während der Hintergrund im Bild in weite Ferne rückt. Mit der kurzen Entfernungseinstellung von beispielsweise 25 Zentimetern beim Canon EF 2,8/14 mm und dem EF 2,8/20 mm kann sogar kleinen Objekten zur Raumdominanz verholfen werden. Zum Beispiel wird aus geringer Aufnahmeentfernung ein Erdklumpen zum Berg oder eine Pfütze zum See.

In der Landschafts- oder Architekturfotografie kann man aber die atemberaubende Perspektive durch einen entsprechenden Aufnahmestandpunkt wohl am besten bildgestalterisch umsetzen. Bei Aufnahmen mit monumentalem Vordergrund, sich stark verjüngendem Hintergrund und weitem Horizont kommt der Bildkomposition eine überaus große Bedeutung zu. Zunächst muß das (Haupt-)Objekt im Vordergrund sorgfältig plaziert werden, wobei auch andere Standorte als die vom Goldenen Schnitt diktierten, denkbar sind. Der extrem weite Bildwinkel erfaßt einen sehr großen Bildausschnitt. Mit zunehmendem Bildwinkel wächst aber die Gefahr, daß sich unter der Fülle der Details auch viele störende befinden. Das merkt man oft erst wenn es zu spät ist, nämlich in der Projektion oder in der Vergrößerung. Um dem vorzubeugen, sollte man den Bildaufbau bewußt gestalten und das gesamte Bildfeld im Sucher sorgfältig »abtasten«.

Die extremen Weitwinkelobjektive haben bereits bei offener Blende einen sehr großen Schärfentiefenbereich, der durch Abblendung noch gesteigert werden kann. Dadurch ist es möglich, sowohl den Vordergrund als auch den Hintergrund gleichzeitig scharf abzubilden. Die enorme Schärfentiefe und die stark betonten perspektivischen Fluchtlinien verstärken den Eindruck der Raumausdehnung und geben dem Bild räumliche Tiefe und Weite. Das machen sich vor allem Fotojournalisten und Reportagefotografen zunutze: Die Nähe zum Hauptobjekt bei gleichzeitiger scharfer Abbildung eines großräumigen Umfelds vermittelt den Eindruck der unmittelbaren Teilnahme am Geschehen. Auch Aufnahmen in Schnappschußmanier sind mit extremen Weitwinkelobjektiven bei nicht zu großer Aufnahmedistanz problemlos möglich, weil dank des enormen Schärfentiefenbereichs eine ungenaue oder nicht erfolgte Fokussierung (in der M-Position des AF-Schalters) weniger ins Gewicht fällt. Außerdem ist die Gefahr des Verreißens bei den kurzen Brennweiten recht gering.

Daß bei Architekturaufnahmen ohne stürzende Linien, sofern nicht von einem erhöhten Standpunkt aus fotografiert wird, oft zuviel Vordergrund (meistens Straßenbelag oder Rasen) in der unteren Bildhälfte zu sehen ist, muß nicht unbedingt von Nachteil sein, weil man ihn oft in die Bildgestaltung mit einbeziehen kann. Sollte der Vordergrund aber »tot« sein, kann eine Ausschnittvergrößerung oder ein Diaduplikat mit entsprechend korrigiertem Ausschnitt Abhilfe schaffen. Stürzende Linien müssen aber, selbst bei Architekturaufnahmen, nicht immer ein Übel sein. Als Mittel der Bildgestaltung bewußt eingesetzt, können sie beispielsweise einem Architekturfoto zu einer dynamischen Bildaussage verhelfen. Aber nicht nur bei Architekturaufnahmen kann die sogenannte »Untersicht« die Perspektive betonen und die Größenverhältnisse übertreiben oder sogar umkehren. Überhaupt kann mit verschiedenen, auch unkonventionellen Aufnahmestandpunkten, die Bildwirkung gesteigert werden. Allerdings sollte man das sorgfältig überlegen und der Bildidee unterordnen.

Bei Landschaftsaufnahmen mit extremen Weitwinkelobjektiven kommt der Belichtungsmessung eine noch größere Bedeutung zu als sonst. Aufgrund des sehr weiten Bildwinkels erstreckt sich der Himmel oft über große Teile des Motivs. Das kann bei einem hohen Partialkontrast zwischen Himmel und Landschaft nicht nur eine Integralmessung, sondern auch eine Mehrfeldmessung täuschen, so daß die Landschaft im Vordergrund unterbelichtet wird. Je nach Motivkontrast und Flächenanteil des Himmels im Motiv kann also auch die Mehrfeldmessung der EOS 500N überfordert sein, so daß eine Selektivmessung erfolgen muß. Bei Selektivmessung ist, vor allem wenn der Horizont in der unteren Bildhälfte verläuft, darauf zu achten, daß der Meßkreis oder das Meßfeld nicht zu viel Himmel erfaßt. Eine Ersatzmessung auf eine Fläche, die dem mittleren Grau einer Graukarte nahe kommt, und Meßwertspeicherung oder noch besser, eine Zweipunktmessung mit Mittelwertbildung, wären in diesem Fall geeignete Meßmethoden.

Mit Vorliebe werden extreme Weitwinkelobjektive auch für Aufnahmen in engen Räumen eingesetzt. Allerdings sollte man die Kamera nicht verkanten, zumindest nicht ungewollt. In diesem Brennweitenbereich können dunkle Räume auch mit einem Aufsteckblitz nicht gleichmäßig ausgeleuchtet werden. Indirektes Blitzen (gegen die Decke) beispielsweise mit den Canon Speedlites 380 EX oder 430 EZ kann hier bedingt Abhilfe schaffen.

Zu den unangenehmen Eigenschaften extremer Weitwinkelobjektive gehören die Vignettierung und Verzeichnung. Die natürliche Vignettierung (Abschattung) ist durch optische Abbildungsgesetze bedingt und bewirkt einen Helligkeitsabfall zum Bildrand hin, der mit der vierten Potenz des Kosinus des Feldwinkels w zunimmt (Cos^4w-Gesetz). Die künstliche Vignettierung wird hervorgerufen durch die Beschneidung des Strahlengangs an den Fassungsrändern und ist in der Regel größer als die natürliche. Bei den EF-Objektiven ist es durch ausgeklügelte Objektivrechnungen und -konstruktionen gelungen, die künstliche Vignettierung auf ein Minimum zu reduzieren. Eine störende Auswirkung der Vignettierung kann aber dennoch bei »kritischen« Motiven (wie zum Beispiel Landschaft mit großen Anteilen von blauem Himmel) vor allem bei offener Blende auftreten. Doch bei Abblendung um zwei Stufen ist normalerweise sogar bei diesen Motiven keine Vignettierung mehr sichtbar.

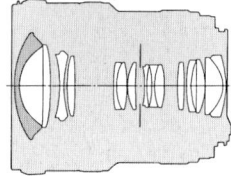

EF 2,8/20-35 mm L USM

Extreme Weitwinkelobjektive erfassen einen großen Motivausschnitt, in dem unterschiedliche Lichtverhältnisse und starke Kontraste herrschen können, was die TTL-Belichtungsmessung auch irreführen kann

EF 2,8/17-35 mm L USM

Die Verzeichnung ist ein Abbildungsfehler, der nach optischen Gesetzen mit dem Bildwinkel zunimmt, und eine verkrümmte Wiedergabe gerader Linien bewirkt. Die Verzeichnung ist bei hochwertigen extremen Weitwinkelobjektiven jedoch äußerst gering und kann in der Fotopraxis meistens vernachlässigt werden. Konstruktionsbedingt weisen aber Zooms eine größere Verzeichnung auf. Sie kann durch Abblenden nicht reduziert werden. Die Verzeichnung ist nicht mit der Verzerrung zu verwechseln. Die perspektivische Verzerrung, deren bekannteste Erscheinungsform die sogenannten stürzenden Linien sind, ist die vergrößerte Wiedergabe des Vordergrundes im Verhältnis zum Hintergrund. Die Verzerrung wird durch das (gewollte oder ungewollte) Verkanten der Kamera verstärkt, hat aber bei exakt paralleler Ausrichtung der Filmebene zur Objektebene ein »natürliches« Ausmaß, das sich, Porträt- und bestimmte Sachaufnahmen ausgenommen, nicht störend auswirkt, weil die Wiedergabe perspektivisch korrekt ist. Diese Art der Verzerrung haben wir »natürlich« genannt, weil sie dadurch erzeugt wird, daß die Lichtstrahlen am Bildrand einen längeren Weg zurücklegen müssen, als in der Bildmitte. Daß die perspektivische Verzerrung verstärkt bei extremen Weitwinkelobjektiven am Bildrand festgestellt wird, ist auf die kurze Aufnahmeentfernung zurückzuführen, wobei die Auswirkung der kurzen Distanz bei einem großen Bildwinkel zunimmt, weil die Randstrahlen steiler einfallen.

Daß die perspektivische Verzerrung nach den Gesetzen der Zentralperspektive bei extremen Weitwinkelobjektiven nichts mit den sogenannten stürzenden Linien zu tun hat, beweist diese Aufnahme

Ein wirksamer Gegenlichtschutz ist in diesem Brennweitenbereich aufgrund des extremen Bildwinkels nicht möglich. Eine wirksame Gegenlichtblende würde die Maße eines Regenschirmes haben. Die kleine, starr eingebaute Gegenlichtblende beim EF 2,8/14 mm L USM schützt die große, gewölbte Frontlinse daher mehr vor mechanischen Beschädigungen als vor Gegen- oder Seitenlicht. Das zusätzliche Abschatten mit einem Hut oder einem anderen Gegenstand ist nicht ohne Risiko, denn nur allzuleicht hat man statt Lichtreflexe den Hut im Bildwinkel.

Der mittlere Weitwinkelbereich (24 mm-28 mm)

Der mittlere Weitwinkelbereich mit Brennweiten zwischen 24 mm und 28 mm stellt den Übergang zwischen den extremen und den klassischen Weitwinkelobjektiven dar: Die Brennweite 24 mm ist eher mit den extremen Weitwinkelobjektiven verwandt, während die Brennweite 28 mm fast schon zu den gemäßigten Weitwinkelobjektiven zu rechnen ist. Diese Mittelstellung begründet auch die Universalität dieser Brennweitengruppe. Der relativ große Bildwinkel von 84° bei 24 mm, beziehungsweise 75° bei 28 mm gibt den Aufnahmen eindeutige Weitwinkelcharakteristik, ohne jedoch die Perspektive übermäßig zu betonen. Bei genauer Ausrichtung der Kamera wirken die Fotos ausgewogen, ja schon fast natürlich, obwohl der Bildwinkel eineinhalb- bis zweimal größer als unser Sehwinkel ist. Wenn man die Kamera neigt oder einen sehr tiefen Aufnahmestandpunkt einnimmt, wird die Perspektive dennoch übertrieben dargestellt. In diesem Brennweitenbereich bietet Canon das EF 2,8/24 mm, das EF 2,8/28 mm sowie die Zooms EF 2,8/17-35 mm, EF 2,8/20-35 mm, EF 3,5-4,5/20-35 mm und EF 3,5-4,5/24-85mm (das TS-E 3,5/24 mm L wird bei den Shiftobjektiven vorgestellt). Außerdem bildet die Brennweite 28 mm die kürzeste Zoomeinstellung einiger Objektive, wie beispielsweise das EF 3,5-5,6/28-80 mm oder das EF 3,5-4,5/28-105 mm.

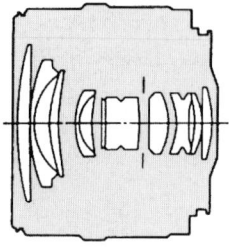

EF 2,8/24 mm

Die große Schärfentiefe und die relativ hohe Lichtstärke, die diese Brennweitenbereich charakteresieren, machen das 24er und das 28er zu idealen Reportageobjektiven. Landschaftsfotografie, Stadtansichten, Schnappschüsse oder inszenierte Porträts sind weitere Aufnahmegebiete, in denen diese Objektive ihre Stärken zeigen. Die Objektive dieser Brennweitengruppe werden gern von Profifotografen bei Reportagen in Innenräumen bei vorgefundenen Lichtverhältnissen (Available-Light-Fotografie) eingesetzt. Die große Schärfentiefe und die hohe Lichtstärke ermöglichen dynamische Schnappschüsse, die auch eine unmittelbare Nähe zum Geschehen vermitteln, weil auch das Umfeld des Hauptobjekts erfaßt wird.

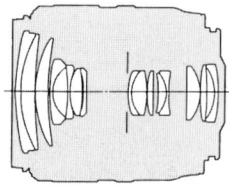

EF 3,5-4,5/28-105 mm USM

Das 28er Objektiv gilt vielen Fotografen als universales Weitwinkelobjektiv. Es zeigt bei einem Bildwinkel von 75° eine vielfach als angenehm empfundene Weitwinkelwirkung, die auch mit vielen der sogenannten Standardzooms zu erreichen ist. Die Gefahr des Verkantens ist wesentlich geringer als bei den extremen Weitwinkelobjektiven, was die Handhabung erleichtert. Das 28 mm Objektiv kann aber auch mit der TTL-Blitzautomatik der EOS 500N eingesetzt werden, weil der Kamerablitz und die Aufsteckblitze den Bildwinkel von 75° ausleuchten (die Speedlite 540 EZ und 430 EZ leuchten sogar den Bildwinkel eines 24ers aus).

Der klassische Weitwinkelbereich (35 mm-40 mm)

Jahrzehntelang galten Objektive mit 35 Millimeter Brennweite als die Weitwinkelobjektive schlechthin – es gab nämlich keine anderen, oder zumindest keine ausreichend gut korrigierten. Fortschritte in der Objektivtechnologie haben jedoch nach und nach gut korrigierte Weitwinkelobjektive mit immer größeren Bildwinkeln ermöglicht. Der Siegeszug der extremen Weitwinkelobjektive ging einher mit einer Veränderung unserer Sehweise. Die Konsequenz war, daß die Aufnahmen mit dem 35er Objektiv nicht mehr als

EF 3,5-4,5/24-85 mm U

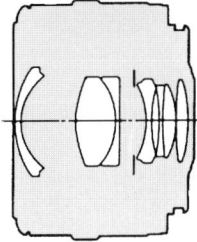

EF 2/35 mm

weitwinkelcharakteristisch, sondern eher als »normal« empfunden wurden. Dadurch hat das 35er seine Attraktivität als Weitwinkelobjektiv eingebüßt – und gleichzeitig seine Attraktivität als Standardobjektiv begründet. Mit einem Bildwinkel von 63° erfaßt das EF 2/35 mm einen wesentlich größeren Ausschnitt als das 50er Standardobjektiv, und das bei »normaler« perspektivischer Wiedergabe. Die Schärfentiefe ist ebenfalls größer als beim Normalobjektiv und die Verwacklungsgefahr geringer. Schnappschüsse, Bildreportagen, Landschaftsfotografie, die einen realistischen Eindruck vermitteln soll, Gruppenaufnahmen von Personen, inszenierte Porträts, bei denen auch noch das Umfeld zu sehen ist, Stilleben mit größeren Objekten oder Architekturdetails in Augenhöhe sind die Domänen der Brennweiten 35 bis 40 Millimeter. Dieser Brennweitenbereich wird neben dem EF 2/35 mm von zahlreichen EF-Zooms mit unterschiedlichen Lichtstärken abgedeckt. Das EF 2/35 mm ist hervorragend geeignet für die sogenannte Available-Light-Fotografie. Fotografen, die auf die große Anfangsöffnung verzichten können, finden in den entsprechenden EF-Zoomobjektiven mit geringeren Anfangsöffnungen eine vernünftige Alternative. Die Objektive mit Brennweite 35 mm (Festbrennweiten oder Zooms) sind gut geeignet für Schnappschüsse, Aufnahmen von Personengruppen, inszenierte Porträts oder für realistisch anmutende Landschaftsaufnahmen.

Die Brennweite 40 mm hat eigentlich eine Zwitterstellung. Die Brennweite kommt der Formatdiagonalen des Kleinbildes (43,3 mm) sehr nahe und wird von vielen EF-Zooms abgedeckt (zum Beispiel EF 4-5,6/35-105 mm USM oder EF 4-5,6/35-135 mm USM). Die Einsatzgebiete dieser Brennweite sind ähnlich wie bei den 35ern, allerdings bei einem geringeren Bildwinkel (56°).

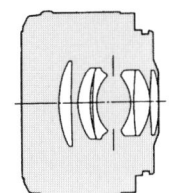

EF 1,8/50 mm II

Der Standardbereich (50 mm-60 mm)

Die Brennweite der Standardobjektive entspricht der aufgerundeten Formatdiagonalen. Das Kleinbildformat hat eine Diagonale von 43,3 Millimeter, doch weil Objektive mit Brennweite 50 Millimeter einfacher zu rechnen und günstiger zu konstruieren sind, hat man sie zur Standardbrennweite auserkoren. Die perspektivische Wiedergabe dieser Brennweite entspricht unseren Sehgewohnheiten. Außerdem wird der 45° Bildwinkel der 50 Millimeter Objektive als »normal« empfunden, weil er weitgehend deckungsgleich ist mit dem Sehwinkel, in dem unsere Augen in Ruhestellung scharf sehen. Durch die Bewegung der Augen oder des Kopfes und durch die vom Gehirn gesteuerte Wahrnehmung wird jedoch ein größerer Winkel erfaßt, so daß uns der Bildwinkel der Standardbrennweite etwas enger erscheint. Diese Tatsache und die in dem Abschnitt über die klassischen Weitwinkelobjektiven beschriebene Veränderung unserer Sehgewohnheiten, hat den Trend zu kürzeren Brennweiten beschleunigt. Die Werbekampagnen im Zusammenhang mit dem Aufkommen der Wechsel-

und Zoomobjektive haben die Vorurteile gegen die Normalobjektive noch verstärkt. Immer noch weitverbreitet ist die Ansicht, die Bildgestaltung mit Normalobjektiven sei brav und langweilig. Daß dem nicht so ist beweist, um nur ein Beispiel zu nennen, Henri Cartier-Bresson, der mit Normalobjektiven Fotogeschichte geschrieben hat. Canon bietet vier interessante EF-Objektive mit Brennweite 50 mm und einem Bildwinkel von 46° an. An erster Stelle steht natürlich das superlichtstarke EF 1,0/50 mm L USM, das in jeder Hinsicht ein Objektiv der Superlative ist. Das EF 1,8/50 mm II ist mit 130 Gramm ein echtes Leichtgewicht. Das EF 2,5/50 mm Compact-macro ist als Makroobjektiv konstruiert, aber universal einsetzbar. Auch dieser Brennweitenbereich wird von etwa zehn verschiedenen EF-Zoomobjektiven abgedeckt.

Die Objektive mit Brennweiten von 50 mm oder 60 mm können für fast alle Aufnahmegebiete verwendet werden. Die Normalobjektive sind kompakt, leicht und preiswert (das EF 1,0/50 mm USM ausgenommen) und eigentlich sollte immer noch jeder Fotoanfänger, wie in der guten alten Zeit, das Fotografieren damit beginnen. Lichtstarke Normalobjektive wie das EF 1,0/50 mm USM oder das EF 1,4/50 mm USM sind optimal für Available-Light-Fotografie, für Reportageaufnahmen in Innenräumen oder für Schnappschüsse. Das Makroobjektiv 2,5/50 mm ist nicht nur für den Nahbereich, sondern auch für unendlich korrigiert.

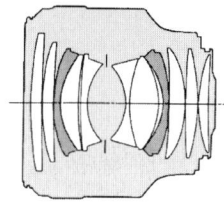

EF 1,0/50 mm L USM

Der mittlere Telebereich (70 mm-135 mm)

Teleobjektive mit Brennweiten zwischen 70 und 135 Millimetern zählen zu den beliebtesten Objektiven überhaupt. Sie sind einfach in der Handhabung und vielseitig in der Anwendung. Der relativ enge Bildwinkel erleichtert die viel beschworene Konzentration auf das Wesentliche. Der Bildaufbau ist leichter zu überprüfen als bei Weitwinkel- und Normalobjektiven, weil ein viel kleinerer Motivausschnitt in einem größeren Abbildungsmaßstab (bei gleicher Aufnahmeentfernung) erfaßt wird. Dadurch ist es auch einfacher, Überflüssiges wegzulassen und bildgestalterisch zur formalen Strenge zu finden. Die geringe Schärfentiefe bei ganz offener oder relativ weit geöffneter Blende kann zur Unterstützung der Bildaussage gezielt eingesetzt werden. Das scharf abgebildete Hauptobjekt wird auf diese Weise vor dem unscharf erscheinenden Hintergrund plastisch herausgearbeitet. Außerdem sind formatfüllende Aufnahmen aus größeren Entfernungen möglich. Diese Eigenschaften werden gerne in der Porträtfotografie genutzt, so daß vor allem die Teleobjektive mit Brennweiten zwischen 80 mm und 90 mm oft auch als Porträtobjektive bezeichnet werden.

Zu den positiven Merkmalen dieser Brennweitengruppe zählt auch die Raffung des Objektraumes, die aber noch nicht das Ausmaß längerer Brennweiten erreicht, und somit noch als natürlich empfunden wird. Dieser Eindruck wird auch dadurch verstärkt, daß bei Teleaufnahmen in diesem Brennweitenbereich so gut wie keine Verzeichnung zu erkennen ist. Objektive in diesem Brenn-

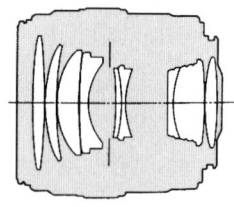

EF 1,8/85 mm USM

EF 2,8/70-200 mm L USM

EF 2/100 mm USM

EF 2/135 mm L USM

weitenbereich sind auch relativ einfach zu rechnen, so daß sie hervorragende Abbildungseigenschaften aufweisen können. Das macht sie zu idealen Objektiven für Detailaufnahmen, Stilleben, Landschaftsaufnahmen (Ausschnitte mit guter Detailwiedergabe) aber auch Architekturfotografie (wenn kleinere Gebäuden aus größerer Entfernung ohne stürzende Linien und ohne Vordergrund fotografiert werden sollen). Die Objektive des mittleren Telebereichs sind auch relativ kompakt, haben normalerweise eine recht hohe Lichtstärke und sind noch für Freihandaufnahmen gut geeignet. Sie können problemlos eingesetzt werden für Reportage-, Reise-, Modefotografie oder auch Schnappschüsse aus einer diskreten Entfernung.

In diesem Brennweitenbereich werden von Canon auch hochlichtstarke Objektive mit Anfangsöffnungen 1:1,2 oder 1:1,8 angeboten, wie das EF 1,2/85 mm und das EF 1,8/85 mm. Zu den lichtstarken Objektiven ist auch das EF 2/100 mm und das EF 2/135 mm zu rechnen. Das helle und kontrastreiche Sucherbild und die geringe Schärfentiefe bei offener Blende kommen auch der genauen manuellen Scharfeinstellung, vor allem bei ungünstigen Lichtverhältnissen, zugute. Die hochlichtstarken Objektive dieser Gruppe sind ideal für Porträts, Reportagen und Theaterfotografie, vor allem auch dann, wenn eine vorgefundene Lichtstimmung »eingefangen« werden soll (Available-Light-Fotografie). Detailaufnahmen, Schnappschüsse aus mittlerer Entfernung, Stilleben, Landschaftsaufnahmen mit guter Detailauflösung und Architekturfotografie sind bevorzugte Einsatzbereiche dieser Brennweitengruppe.

Die Brennweite 100 mm eignet sich auch für die Konstruktion von Makroobjektiven sehr gut. Das EF 2,8/100 mm Macro ist ein gutes Beispiel dafür. Es erreicht den Abbildungsmaßstab 1:1, kann aber auch bei größeren Aufnahmeentfernungen und bei unendlich problemlos eingesetzt werden. Der erweiterte Einstellbereich bewirkt zwangsläufig einen längeren Tubusauszug, so daß die Einstellschnecke einen größeren Drehweg zurücklegen muß. Im mittleren Telebereich kann man außerdem mit rund 20 EF-Zoomobjektiven fotografieren, die diesen Bereich abdecken

(35-135 mm, 35-350 mm, 70-210 mm), in ihn »hineinragen« (28-80 mm, 35-80 mm, 28-105 mm, 35-105 mm) oder aus ihm »herausragen« (75-300 mm, 80-200 mm, 100-300 mm). Auf das Canon EF 2,8/135 mm Softfokus werden wir bei den Weichzeichnerobjektiven eingehen.

Der klassische Telebereich (180 mm-300 mm)

Die Objektive mit Brennweiten zwischen 180 und 300 Millimeter zeigen eine deutliche Telecharakteristik: Raffung des Raumes, Verengung des Bildwinkels, geringe Schärfentiefe. Mit diesen Objektiven kann man problemlos aus mittleren Entfernungen kleinere Objekte formatfüllend fotografieren. Die Brennweiten reichen aber nicht aus, um größere Entfernungen zu überbrücken. So kann man beispielsweise Tiere im Zoo, nicht aber (oder nur selten) in der freien Wildbahn formatfüllend aufnehmen. Das 200er Tele hat eine vierfache und das 300er Tele eine sechsfache Vergrößerung gegenüber der Normalbrennweite. Zum Vergleich: Standard-Ferngläser haben gegenüber der Normalsicht eine achtfache Vergrößerung.

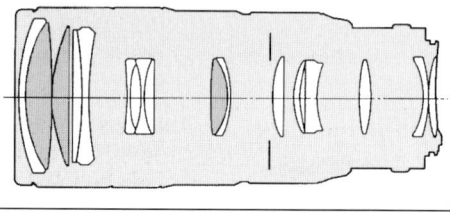

EF 2,8/80-200 mm L

EF 4-5,6/75-300 mm II USM

Die fünf EF-Objektive mit Festbrennweiten in diesem Bereich sind Hochleistungsobjektive mit der Zusatzbezeichnung »L«: EF 3,5/180 mm L USM Macro, EF 1,8/200 mm L USM, EF 2,8/200 mm L USM, EF 2,8/300 mm L USM und EF 4/300 mm L USM. Der klassische Telebereich wird auch von vielen Zoomobjektiven abgedeckt oder tangiert, wie z.B. 70-200 mm, 70-210 mm, 80-200 mm, 100-300 mm oder 35-350 mm.

Die Objektive des klassischen Telebereichs sind gut geeignet für Landschaftsaufnahmen, um beispielsweise einen Berg oder eine Felswand formatfüllend aufzunehmen oder um durch die Raffung des Raumes die Strukturen einer Landschaft herauszuarbeiten. In der Architekturfotografie können auch weiter entfernte Details oder ganze Häuserzeilen auf engstem Raum komprimiert aufgenommen werden. Mit Teleobjektiven dieses Brennweitenbereichs kann

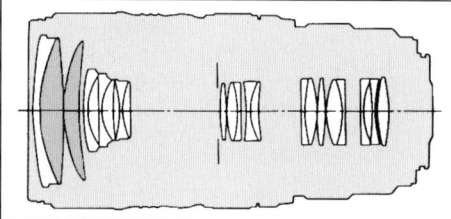

EF 3,5-5,6/35-350 mm L USM

man unbeobachtet Porträts aufnehmen oder bei Konzerten fotografieren (sofern noch erlaubt). Bei Sport- und Tieraufnahmen wird in der Regel zu viel vom Umfeld des Hauptobjekts erfaßt.

In diesem Brennweitenbereich kann die Reduktion des sekundären Spektrums durch eine apochromatische oder nahezu apochromatische Korrektur eine sichtbare Steigerung der Schärfe- und Kontrastwiedergabe bewirken. Die 200er oder 300er Teleobjektive und einige Telezooms sind noch recht kompakt und handlich, doch Freihandaufnahmen mit längeren Zeiten als 1/500 sollte man nicht wagen. Die Faustregel, die verwacklungsfreie Aufnahmen mit einer dem Kehrwert der Brennweite entsprechenden Verschlußzeit verheißt, gilt nicht, wenn höchste Ansprüche an die Bildschärfe gestellt werden. Bei hochlichtstarken Teleobjektiven (1,8/200 mm oder 2,8/300 mm) kann die Bildfeldwölbung im Naheinstellbereich bei offener Blende eine geringe Unschärfe in den Bildecken verursachen, die jedoch durch Abblenden auf Blende 4 oder noch besser 5,6 beseitigt wird. Die Einheit Kamera-Objektiv ist gut ausbalanciert und liegt gut in der Hand, so daß man mit dem 200er beispielsweise freihändig unbemerkte Porträtaufnahmen machen kann. Allerdings sollte man dabei nach Möglichkeit mit kürzeren Verschlußzeiten als 1/500 Sekunde fotografieren. Für die

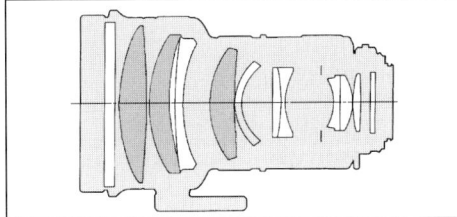

EF 1,8/200 mm L USM

lichtstarken, schweren Teleobjektive gilt folgendes: Bei Stativaufnahmen sollte das Objektiv an der drehbar gelagerten Stativschelle befestigt werden, die in Quer- und Hochformatposition einrastet und die Arbeit mit diesen Objektiven erleichtert. Das EF 1,8/200 mm L USM, EF 2,8/300 mm L USM und das EF 4/300 mm L USM, sowie einige Zooms, wie das EF 2,8/80-200 mm L USM und das EF 3,5-5,6/35-350 mm L USM haben eine fest eingebaute, drehbare Stativbefestigung. Auf keinen Fall sollte man aber das Stativgewinde der EOS 500N benutzen, wenn ein schweres Objektiv angeschlossen ist. Ebenso ist ein Tragegurt an den Ösen am Objektiv und nicht an der Kamera zu befestigen, sonst kann das Kamera-

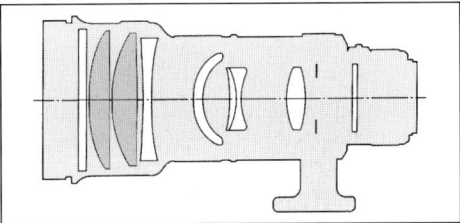

EF 2,8/300 mm L USM

bajonett durch das hohe Gewicht des jeweiligen Teleobjektivs beschädigt werden. Klassische Teleobjektive mit großer Anfangsöffnung sind vorzüglich geeignet für Available-Light-Fotografie, Theater- und Konzertaufnahmen und Landschaftsfotografie. Bei der kürzesten Aufnahmeentfernung wird bei einigen Objektiven ein Abbildungsmaßstab erreicht, der Detailaufnahmen aus größerer Entfernung ermöglicht, wie sie in der Architektur- und Industriefotografie an der Tagesordnung sind.

Hochlichtstarke Teleobjektive haben eine sehr große Frontlinse. Zum Schutz der Frontlinse wird oft ein neutrales Filter verwendet.

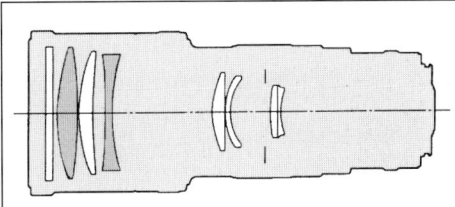

EF 4/300 mm L USM

Davon ist abzuraten, sofern man nicht unter harten Bedingungen (Expeditionen, Kriegsberichterstattung) fotografiert. Durch die Gegenlichtblende, die Hartvergütung der Frontlinse und durch den Kantenschutz an der Objektivkante ist beim normalen Fotoeinsatz mit keiner Beschädigung zu rechnen. Das planparallel geschliffene Filter kann nämlich die Lichtreflexion verstärken und somit die Kontrastübertragung reduzieren. Je nach Lichteinfall kann auch der Autofokus irregeführt werden.

Der extreme Telebereich (400 mm-1200 mm)

Die Objektive mit Brennweiten zwischen 400 und 1200 Millimeter sind gut geeignet, um große Aufnahmeentfernungen zu überbrükken. Neben der Sportfotografie eignen sich Teleobjektive mit 400 mm bis 1200 mm Brennweite sehr gut für Tieraufnahmen in freier Wildbahn oder für Landschaftsaufnahmen, wenn ein wichtiges Detail formatfüllend aufgenommen werden soll. Die Objektive können aber auch sehr gut für Mode- oder Werbeaufnahmen eingesetzt werden, wobei die geringe Schärfentiefe und die Telecharakteristik für außergewöhnliche Bildaussagen gezielt verwendet werden können.

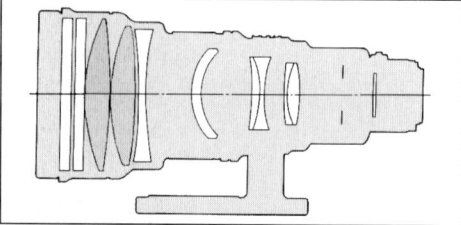

EF 2,8/400 mm L USM II

Die Charakteristik der langen Brennweiten ist die stark vergrößerte Abbildung des Motivs sowie die extreme Verdichtung der Perspektive. Diese Eigenschaften können auch in der kreativen oder experimentellen Fotografie eingesetzt werden.

Bei extremen Teleobjektiven ist die Baulänge meistens kürzer als die Brennweite. Das erfordert einen unsymmetrischen Linsenaufbau, der nur mit hohem Aufwand zu korrigieren ist. Bei den sogenannten Fernobjektiven entspricht die Baulänge weitgehend der Brennweite (sie haben in der Regel eine geringe Lichtstärke und keine Springblende).

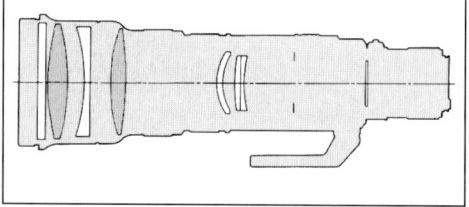

EF 4,5/500 mm L USM

Beiden Objektivtypen gemeinsam ist die Schwierigkeit, die chromatische Aberration, genauer das sekundäre Spektrum (ein nicht korrigierter Farbrestfehler) zu korrigieren. Das sekundäre Spektrum macht sich im Bild durch einen Farbsaum, den wir als Unschärfe wahrnehmen, und durch mangelnde Farbsättigung bemerkbar. Das sekundäre Spektrum läßt sich in diesem Brennweitenbereich eigentlich nur mit neuentwickelten UD-Gläsern, also mit hochbrechenden Spezialgläsern mit anomaler Teildispersion wirkungsvoll reduzieren. Doch selbst die tadellosen Abbildungseigenschaften eines gut

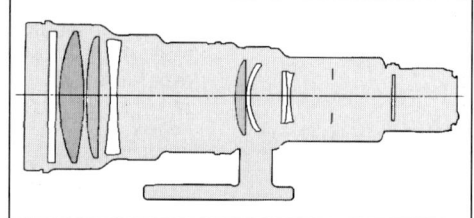

EF 4/600 mm L USM

korrigierten Teleobjektivs können nur allzuleicht beeinträchtigt werden durch atmosphärischen Dunst, Luftbewegungen oder sogenannte Wärmeschlieren (werden nur teilweise durch die Korrektur reduziert), durch Bewegung der Kamera (Verreißen) oder des Objektes (Wind im Blattgrün) während des Auslösens. Aber selbst bei Aufnahmen vom Stativ kann sich Bewegungsunschärfe, z.B. durch eine Windböe verursacht, bemerkbar machen.

In diesem Brennweitenbereich haben sich die Zoomobjektive bereits verabschiedet. Der extreme Telebereich ist eben die Domäne der Festbrennweiten, und da hat Canon einiges zu bieten, wie zum Beispiel die Objektive: Canon EF 2,8/400 mm L USM II, EF 5,6/400mm L USM, EF 4,5/500 mm L USM, EF 4/600 mm L

USM und Canon EF 5,6/1200 mm L USM. Die EF-Objektive in diesem Brennweitenbereich haben sehr enge Bildwinkel: 400 mm (Bildwinkel 6°), 500 mm (5°), 600 mm (4°) und 1200 mm (2°). Damit beispielsweise bei Sportaufnahmen das Fokussieren noch schneller geht, kann der Fokussierbereich in drei Stufen vorge-

Eine »Porträtaufnahme« die nur mit extremen Teleobjektiven zu realisieren ist

wählt werden. Auf diese Weise ist es möglich, einen bestimmten Entfernungsbereich, beispielsweise für den nächstgelegenen Torraum, festzulegen. Die Gegenlichtblende schützt die Frontlinse nicht nur vor Streulicht, sondern auch vor mechanischer Beschädigung und sollte immer aufgesteckt bleiben.

Die Objektive mit Brennweiten von 400 mm, 500 mm oder sogar 600 mm liegen, bei ausgeprägtem Bizeps, noch recht gut in der Hand. Vor tollkühnen freihändigen Fotoeskapaden sei jedoch gewarnt. Bereits die geringste Verwacklungsunschärfe macht die gute Schärfeleistung der Objektive zunichte. Am besten fotografiert man von einem stabilen Profistativ aus, doch durch das Gewicht von etwa 3 bis 6 Kilogramm »sitzen« die Teles bis 600 mm auf einem Einbeinstativ ebenfalls sehr stabil. Von einem Einbeinstativ sind übrigens eher verwacklungsfreie Aufnahmen zu

Freihandaufnahmen mit Teleobjektiven im Brennweitenbereich zwischen 400 mm und 1200 mm sind tabu

erwarten, als von einem der herkömmlichen Amateurstative, die in großer Anzahl auf dem Markt zu finden sind. Die leichten Erschütterungen durch Wind, Springblende oder Verschlußablauf werden nämlich von einem gut gehaltenen Einbeinstativ absorbiert, während herkömmliche Dreibeinstative eine ausgeprägte Neigung haben, Schwingungen zu übertragen. Der Träger für die Stativbefestigung am Objektiv erleichtert das Umschalten zwischen Hoch- und Querformat. All das gilt natürlich in verstärktem Maße für das extreme EF 5,6/1200 mm L USM, das nur auf Vorbestellung gefertigt wird (entsprechend lang ist auch die Lieferzeit). Bei dieser Brennweite ist sogar das Einbeinstativ tabu, es sei denn, es wird als Stütze (viertes Bein) für den Objektivtubus bei Aufnahmen mit einem stabilen Profistativ verwendet.

Spezialobjektive

Mit Spezialobjektiven kann der Spiegelreflexfotograf Aufnahme-gebiete erschließen, die mit herkömmlichen Objektiven nicht zu bewältigen sind, wie beispielsweise die Makrofotografie und den Bereich der perspektivischen Korrektur. Andere Spezialobjektive, wie zum Beispiel die Fisheye- und die Spiegellinsenobjektive, sind besondere Konstruktionen, die bestimmte Abbildungscharakteri-stiken haben. Tele-Extender verlängern die Brennweite der her-kömmlichen Objektive um den angegebenen Faktor.

Spiegellinsenobjektive

Wenn der EOS-Foto-graf Spiegellinsenobjek-tive sucht, muß er sich auf dem Gebraucht-markt umschauen

Spiegellinsenobjektive sind eine besondere Konstruktionsform, bei der die Lichtstrahlen durch eine große Ringlinse auf den ebenfalls ringförmigen Hauptspiegel fallen, der sie auf den vorge-lagerten kleinen Fangspiegel konzentriert. Vom Fangspiegel wer-den die Lichtstrahlen dann durch Linsen auf den Film reflektiert. Durch das Spiegellinsenprinzip ist es möglich, Objektive mit sehr langer Brennweite in kompakter Form zu konstruieren.

Im EF-System werden keine Spiegellinsenobjektive angeboten und auch im gegenwärtigen FD-Programm sind keine zu finden. Mit etwas Glück kann der interessierte EOS-Fotograf jedoch auf dem Gebrauchtmarkt ältere Canon RF 8/500 mm Spiegellinsen-objektive finden, und zwar sowohl als SSC-Version (mit Chrom-ring) oder ohne Chromring. Um diese Objektive an die EOS 500N anzuschließen, wird ein entsprechender FD-EOS-Adapter benö-tigt. Fokussiert wird manuell auf der Mattscheibe. Die Belichtungs-einstellung kann manuell oder in der Zeitautomatik erfolgen.

Tele-Extender

Es mag auf den ersten Blick etwas verwunderlich erscheinen, daß die Extender, auch Telekonverter genannt, als Objektive behan-delt werden. Doch die meisten Konverter sind tatsächlich Objek-tive mit einer sogenannten negativen Brennweite (weshalb Konverter in früheren Zeiten auch als Tele-Negativ bezeichnet wurden).

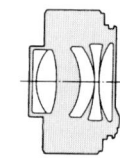

Extender EF 1,4X

Die Canon Tele-Extender EF 1,4x und EF 2x sind hochwertige optische Systeme. Der Canon Tele-Extender EF 1,4x besteht aus 5 Linsen in 4 Gruppen, der Tele-Extender EF 2x sogar aus 7 Linsen in 5 Gruppen. Sie verlängern die Brennweite und verringern die Lichtstärke der jeweiligen Objektive um den angegebenen Faktor (1,4x oder 2x).

Die Tele-Extender sind für die EF-Objektive mit Brennweite 200 mm, 300 mm, 400 mm, 500 mm, 600 mm und 1200 mm gerechnet. In der Praxis ist zu beachten, daß beispielsweise bei einem 2X-Extender die Verschlußzeit viermal länger und die Verwacklungsgefahr durch die Brennweitenverlängerung (rechnerisch) verdoppelt wird. Die auf den FD-Objektiven eingravierten Blendenwerte und Schärfentiefenskalen stimmen für die neue Brennweite und das dadurch veränderte Öffnungsverhältnis nicht mehr. Wenn beispielsweise ein Objektiv 2,8/200 mm durch den Tele-Extender 2X in ein Objektiv 5,6/400 mm verwandelt wird, entspricht der aufgravierte Blendenwert 8 dem tatsächlichen Blendenwert

Reisefotografen, die ihre Ausrüstung lange Zeit tragen müssen, wissen die Vorteile der Extender zu schätzen. Mit dem Extender EF 2X wird die Brennweite verdoppelt

16 (auf die neue Brennweite von 400 mm bezogen). Die Schärfentiefe für die tatsächliche Blende ist jedoch, durch die Verdoppelung der Brennweite bedingt, auf der Schärfentiefenskala des Objektivs 2,8/200 mm zwischen den eingravierten Linien für Blende 4 abzulesen. Die Tele-Extender sind nicht nur für Teleaufnahmen wichtig, sondern erschließen auch den Nahbereich. Die Verdoppelung der Brennweite bei gleichbleibender kürzester Entfernungseinstellung hat einen doppelt so großen Abbildungsmaßstab zur Folge. Die Springblende und die AF-Funktion der Objektive bleibt erhalten. Um Fehlbelichtungen zu vermeiden, sollten Konverter jedoch bei manueller Belichtungseinstellung oder in der Zeitautomatik verwendet werden.

Tele-Extender sind optische Systeme, die im Strahlengang des Objektivs eingesetzt werden, so daß eine Beeinträchtigung der Schärfe- und Kontrastwiedergabe immer gegeben ist. Wie hoch der Verlust an Abbildungsqualität ausfällt, hängt nicht nur vom Korrektionszustand des Konverters, sondern vor allem davon ab, ob der Konverter speziell für das betreffende Objektiv gerechnet

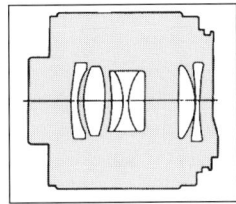

Extender EF 2X

ist oder nicht. Die größte Verschlechterung der optischen Qualität tritt beim Einsatz von Konvertern ein, die für wenig Geld eine unübertroffene Universalität aufweisen und praktisch an jedes Objektiv angeschlossen werden können. Minimal ist der Verlust bei Konvertern, die speziell für ein bestimmtes Objektiv oder zumindest für einen bestimmten Brennweitenbereich und eine bestimmte Objektivkonstruktion gerechnet sind. Vom Leistungsabfall sind die Randzonen mehr betroffen als die Bildmitte. Abblenden um etwa zwei Stufen kann die Abbildungsqualität insgesamt steigern. Dadurch wächst aber wiederum die Verwacklungsgefahr, weil entsprechend längere Verschluß-zeiten erforderlich sind.

Konverter sind eine gute Kompromißlösung für Fotografen, die eine bestimmte Brennweite, die sie mit dem Konverter erreichen, nur selten gebrauchen. Auch die Reiseausrüstung kann klein gehalten werden, wenn durch Konverter eine oder mehrere Brennweiten ersetzt werden. Mit einem guten Konverter kann auch der Tierfotograf den Kauf eines teuren Objektivs umgehen, wenn beispielsweise ein Objektiv 2,8/400 mm mit einem Konverter 2x zu einem Objektiv 5,6/800 mm ausgebaut wird.

Rechte Seite
Mit einem gut korrigierten Makroobjektiv, wie dem EF 2,8/100 mm sind auch realistische Porträtaufnahmen von hoher Abbildungsqualität möglich

Extender passen in jede Fototasche und verlängern die Brennweite der Objektive um den angegebenen Faktor

Makroobjektive

Die Makroobjektive sind vielseitig einsetzbar: Sie können wie herkömmliche Objektive ihrer Brennweite verwendet werden (unter diesem Aspekt wurden sie bei den jeweiligen Brennweiten erwähnt). Sie können aber auch als Spezialobjektive den Nahbereich erschließen. Ohne Zubehör wird mit dem Canon EF 2,5/50 mm Compact-Macro ein Abbildungsmaßstab von 1:2 erreicht. Wer mit dem 50er Makro auch den Bereich zwischen Abbildungsmaßstab 1:2 und 1:1 abdecken möchte, muß den Makro-Konverter EF einsetzen. Der Makro-Konverter EF besteht aus vier Linsen in drei Gliedern und ist speziell für das EF 2,5/50 mm Compact-Macro gerechnet. Mit dem EF 2,8/100 mm Macro und dem EF 3,5/180mm L USM Macro wird der Abbildungsmaßstab von 1:1 auch ohne Zubehör erreicht.

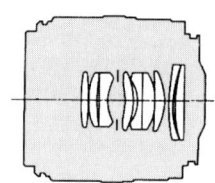

EF 2,5/50 mm Compact-Macro

Damit das Fokussieren trotz des großen Objektivauszugs blitzschnell geht, kann man am EF 2,8/100 mm Macro zwei Fokussierbereiche einstellen, und zwar von 0,31 m bis 0,57 mm und 0,57 m bis unendlich. Die Zusatzbezeichnung Makro ist aber auch bei Zoomobjektiven genauso weitverbreitet wie irreführend. Die Naheinstellgrenze ist bei den meisten Zooms, vor allem bei kurzen Brennweiten, unverhältnismäßig groß, zum Beispiel 2 Meter bei Brennweite 28 mm, 50 mm oder 90 mm. Durch die Makroeinstellung oder eine entsprechende Nahlinse wird lediglich die kürzeste Entfernungseinstellung der Zooms auf die für vergleichbare herkömmliche Festbrennweiten übliche Größe angeglichen. Beim 50er Makro ist der Arbeitsabstand gering, beim 100er und 180er Makro dagegen groß. Dabei ist zu bedenken, daß ein großer Arbeitsabstand die Ausleuchtung des Hauptobjekts und die Einhaltung der Fluchtdistanz bei Kleinlebewesen erleichtert.

EF 3,5/180 mm L USM Macro

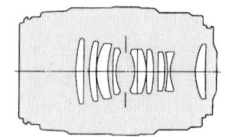

EF 2,8/100 mm Macro

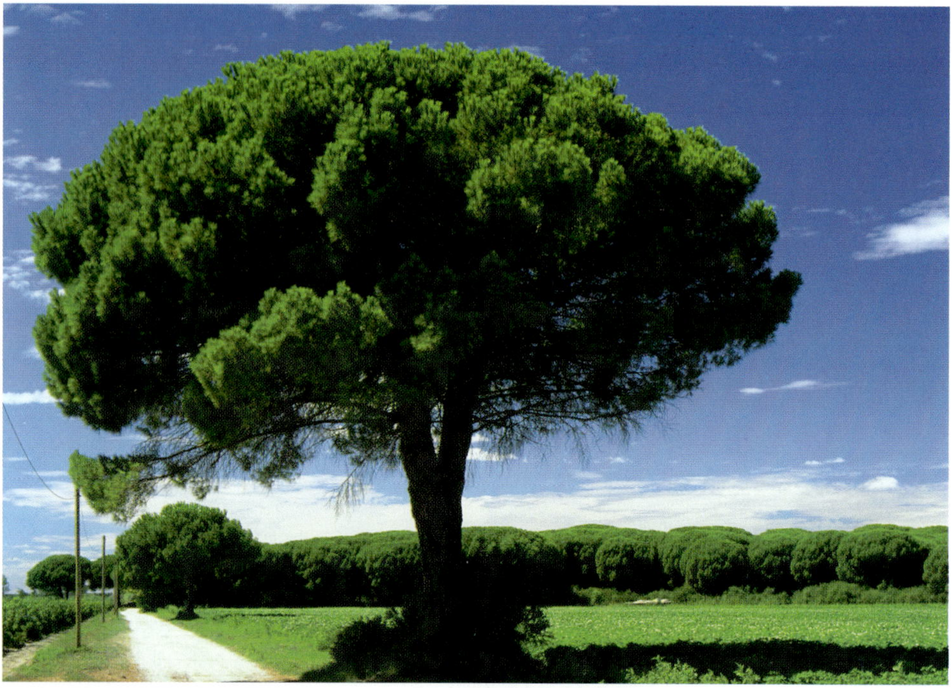

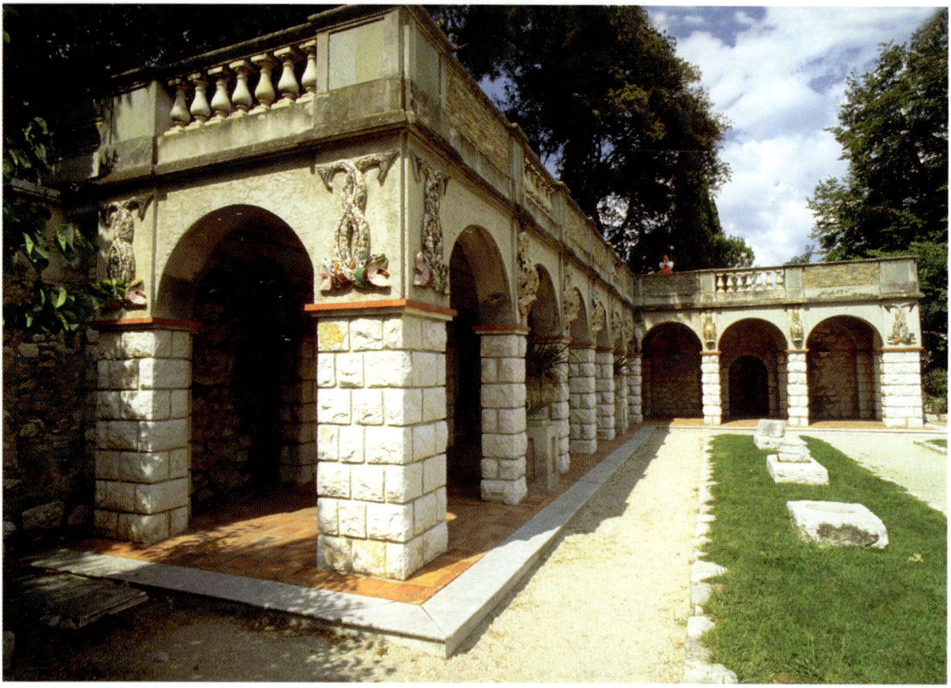

Objektive für perspektivische Korrektur (TS-Objektive)

Die drei TS-Objektive sind Spezialobjektive für perspektivische Korrektur (»TS« bedeutet »Tilt-and-Shift«). Die Shiftobjektive TS-E 3,5/24 mm L, TS-E 2,8/45 mm und TS-E 2,8/90 mm lassen sich nicht nur parallel verstellen (um maximal ±11 mm), sondern auch

Mit den drei TS-Objektiven von Canon lassen sich sowohl Parallelverschiebungen als auch Verschwenkungen durchführen

verschwenken (um maximal ±8°). Die Verstellung nach oben, nach unten oder seitlich hat die gleiche Funktion wie die entsprechenden Verstellungen bei gewöhnlichen Shiftobjektiven. Das Besondere an den TS-Objektiven sind jedoch die Verschwenkmöglichkeiten. Dadurch läßt sich beispielsweise die Schärfe nach dem ScheimpflugPrinzip ausgleichen. Wenn sich die Gegenstandsebene, die Objektivebene und die Bildebene in einem Punkt (genauer in einer Geraden) treffen, wird in der Gegenstandsebene alles von vorne bis hinten scharf abgebildet. Die Verschwenkmöglichkeiten der TS-Objektive sind nicht so groß, wie bei einer Fachkamera, so daß man die Ausdehnung der Schärfenebene eher beeinflussen als bestimmen kann. Die TS-Objektive bieten aber dennoch in der Kleinbildfotografie einzigartige Verstellmöglichkeiten. Die TS-Objektive müssen manuell fokussiert werden, weil sie über keinen Fokussiermotor verfügen. In Normalstellung haben die TS-Objektive bereits bei voller Öffnung eine gute Schärfe- und Kontrastleistung, die sich durch Abblenden um etwa zwei Blenden noch steigern läßt. Bei mittleren Verstellungen sollte aber Blende 8 und bei Maximalverstellung Blende 11 eingestellt werden. Durch Floating Elements ist auch im Nahbereich mit einer guten Abbildungsleistung zu rechen. Allerdings ist bei größeren Verstellwegen aufgrund der Vignettierung eine Belichtungskorrektur von +0,5 EV erforderlich. Die Vignettierung macht sich in der Praxis durch eine Abschattung der Bildecken bemerkbar, die bei hellen Flächen deutlicher als bei dunklen in Erscheinung tritt.

Durch die Verschwenkung nach Scheimpflug kann man die Lage der Schärfentiefenebene verändern und dadurch die Schärfentiefe vergrößern

Linke Seite:
Shiftobjektive können nicht nur bei Architekturaufnahmen (unten), sondern auch bei Landschaftsaufnahmen eingesetzt werden (oben): Durch das Shiften kann man die Horizontlinie nach oben oder nach unten "wandern" lassen. Außerdem können sogar Hindernisse im Bild überwunden werden (beispielsweise Zäune, Erdunebenheiten)

Ein wichtiges Einsatzgebiet der TS-Objektive ist die Korrektur der sogenannten stürzenden Linien. Bewußt und gekonnt eingesetzt, können stürzende Linien eine Bildaussage steigern. Sie können aber auch, ungewollt oder willkürlich aufgenommen, ein Bild ruinieren. Letzteres dürfte im Fotoalltag bei weitem dominieren. Stürzende Linien entstehen, wenn man beispielsweise ein

hohes Gebäude von der Straße aus fotografiert und dabei die Kamera (und somit die Filmebene) neigt, so daß parallele Linien in der Höhe zusammenlaufen (nach den Gesetzen der Zentralperspektive). Es gibt viele Möglichkeiten, stürzende Linien zu vermeiden, sie haben aber meistens einen Pferdefuß: ein erhöhter Aufnahmestandort – doch wann kann man schon im gegenüberliegenden Gebäude das richtige Stockwerk betreten; Entzerrung beim Vergrößern oder Ausschnittvergrößerung von einer extremen Weitwinkelaufnahme – doch das geht nicht ohne Qualitätsverlust und scheidet bei Diaaufnahmen von vornherein aus. Stürzende Linien können nur vermieden werden, wenn die Filmebene parallel zur Objektebene steht. Das läßt sich mit den TS-Objektiven problemlos realisieren, weil sie einen übergroßen Bildkreisdurchmesser haben. Durch eine ausgeklügelte Mechanik läßt sich die Optik aus der optischen Achse verschieben, so daß Bildpartien abgebildet werden, die sonst außerhalb des Bildkreises herkömmlicher Objektive mit vergleichbarer Brennweite liegen würden. Wichtig ist die genaue Ausrichtung der Kamera vor der Verschiebung, die mit einer aufsteckbaren Wasserwaage erfolgen kann. Auf einer Millimeterskala können die Verstellwege abgelesen werden. Je nach Aufnahmeentfernung genügt oft eine kleine Verschiebung von nur einigen Millimetern, um eine Veränderung des Bildfeldes um einige Meter zu bewirken. Die Veränderung des Bildfeldes ist im Kamerasucher sichtbar, kann aber auch nach folgender Formel errechnet werden:

Verschiebung (in mm) : Brennweite (in mm) x Aufnahmeentfer-

Perspektivische Korrektur durch Parallelverschiebung:

- *unkorrigierte Aufnahme (oben links), Filmebene nicht parallel zur Objektebene ausgerichtet*
- *Filmebene parallel zur Objektebene ausgerichtet (oben rechts), Objektiv ohne Verstellung*
- *Filmebene parallel zur Objektebene ausgerichtet (unten), Objektiv um 10 mm in der Höhe verstellt*

nung (in m) = Veränderung des Bildfeldes (in m) in der Objektebene in Verschieberichtung.

Beispiel für das TS-E 3,5/24 mm L bei 8 mm Verschiebung und Aufnahmeentfernung 50 m: 8 mm: 24 mm x 50 m = 16,66 m

In unserem Beispiel entspricht also eine Verschiebung des Objektivs um 8 Millimeter einer Verschiebung des Bildfeldes in der Objektebene von 16,66 Meter. Bei derselben Verschiebung hätte man bei gleicher Aufnahmeentfernung mit dem 45er TS eine Verschiebung in der Objektebene von rund 8 Meter (8 mm : 45 mm x 50 m = 7,99 m) und beim 90er TS von 4,44 Meter (8 mm : 90 mm x 50 m = 4,44 m). Je kürzer die Brennweite, desto größer die Shiftwirkung. Die Verschiebung kann senkrecht, waagerecht oder diagonal erfolgen. Die waagerechte oder die diagonale Verschiebung sind besonders effektiv, wenn man einen seitlichen Kamerastandpunkt einnehmen muß, um beispielsweise einer Spiegelung oder einem Hindernis »auszuweichen«, oder ein Produkt in einer Sachaufnahme oder ein Gebäude nach den Gesetzen der Parallelperspektive darzustellen. Shiftobjektive stellen in der Kleinbildfotografie die einzige Möglichkeit dar, die Perspektive nicht ausschließlich über den Standort zu bestimmen. Auch ein Schärfeausgleich nach Scheimpflug kann in bestimmten Grenzen mit den TS-Objektiven durchgeführt werden. In 90°-Position zueinander ist sogar die Kombination von Verschiebung und Verschwenkung möglich.

Die Parallelverschiebung der TS-Objektive kann senkrecht, waagerecht oder diagonal erfolgen

Fisheye-Objektive

Mit dem Fisheye EF 2,8/15 mm bietet Canon ein Fischauge-Objektiv, das sich sowohl per Autofokus, als auch manuell scharfeinstellen läßt. Ein Fixfokusobjektiv, bei dem die Scharfeinstellung entfällt, ist das Canon Fisheye FE 5,6/7,5 mm, das bei einem Bildwinkel von 180° eine kreisförmige Abbildung mit 23 mm Durchmesser erzeugt. Das Fisheye EF 2,8/15 mm zeichnet bei einem Bildwinkel von 180° das ganze Kleinbildformat aus. Das EF-Objektiv ist mit einem AFD-Bogenmotor und einem EMD-Blendenmotor bestückt, so daß sämtliche elektronische Funktionen übertragen und eingesetzt werden können. Vollständigkeitshalber sei erwähnt, daß es auch ein Fisheye FD 2,8/15 mm gibt.

Das besondere Merkmal der Fisheye-Objektive ist die tonnenförmige Verzeichnung der waagerechten und senkrechten Linien, wenn sie von der Bildmitte abweichen. Gerade Linien, die horizontal oder vertikal durch die Bildmitte verlaufen, werden gerade wiedergegeben. Der Verzeichnungseffekt ist um so größer, je weiter entfernt die Linien von der Bildmitte sind. Außerdem werden gerade Flächen, wie zum Beispiel eine Hausfassade, gewölbt wiedergegeben. Die Regeln der Zentralperspektive werden somit außer Kraft gesetzt. Der große diagonale Bildwinkel von 180° hat, von der Verzeichnung abgesehen, schon Panorama-Charakter. Die Belichtungsmessung sollte bei kontrastreichen Motiven am besten selektiv erfolgen, weil die unterschiedlichen Partialkontraste,

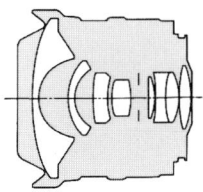

Fisheye EF 2,8/15 mm

die durch den großen Bildwinkel erfaßt werden, den Belichtungsmesser der EOS 500N irreführen können. Besonders gut geeignet sind die 15er Fisheye-Objektive für Landschaftsaufnahmen oder für experimentelle Architekturfotografie.

Weichzeichnerobjektive

Durch das Fisheye-Objektiv bekommt die flache Fassade einen »Bauch« (Abbildung oben)

Weichzeichnerobjektive sind eine besondere »Gattung« von Objektiven, bei denen die sphärische Aberration absichtlich nicht ausreichend korrigiert ist. Beim Canon Softfocus EF 2,8/135 mm kann der Weichzeichnereffekt mit einem speziellen Einstellring gesteuert werden. Echte Weichzeichner erzeugen einen scharfen »Bildkern«, der durch eine mehr oder weniger ausgeprägte Unschärfe überlagert wird. Die Überstrahlung des scharfen »Bildkerns« macht auch den Unterschied zu den Aufnahmen mit Weichzeichnervorsätzen, angehauchter Frontlinse, Nylonstrumpf oder durch eine mit Vaseline verschmierte Glasplatte aus.

Gerade Linien, die durch die Bildmitte verlaufen, werden auch mit einem Fisheye-Objektiv gerade wiedergegeben (Abbildung unten)

Bei den Aufnahmen mit Vorsätzen jeder Art fehlt nämlich der scharfe »Bildkern« und statt Überstrahlung ist oft nur eine fade, unscharfe Abbildung zu sehen. Beim 135er Weichzeichnerobjektiv sollte nicht stärker als auf Blende 5,6 abgeblendet werden, weil sonst der Weichzeichnereffekt, genauer die negative Auswirkung des Öffnungsfehlers, stark reduziert wird. Der Weichzeichnereffekt ist bei Mädchenaufnahmen, Porträts und Stilleben sehr beliebt und dementsprechend stark strapaziert. Daher sollte man diesen Effekt immer bewußt und im Einklang mit der Bildidee einsetzen, wobei die Gefahr, in Klischees abzugleiten, immer präsent ist.

EF 2,8/135 mm Softfocus

Der richtige Film

Die Zeiten, als man noch »einen Leica-Film« im Fotogeschäft bestellen konnte, sind längst passé. Heute muß der Fotograf den richtigen Film aus einem schier unüberschaubaren Filmangebot auswählen. Doch um es vorweg zu nehmen: »Den« richtigen Film gibt es nicht, wohl aber den richtigen Film für die jeweilige Licht-, Motiv- und Aufnahmesituation. Bevor man sich also für den einen oder den anderen Film entscheidet, sollte sich jeder Fotograf folgende Fragen stellen:
- Welches sind meine bevorzugten Motive?
- Benutze ich überwiegend lange oder kurze Brennweiten?
- Welche Ansprüche stelle ich an die Bildqualität?
- Lege ich Wert auf eine getreue Farbwiedergabe oder bevorzuge ich eine bestimmte Farbcharakteristik?
- Bin ich ein Schärfefanatiker oder liebe ich das Experiment?
- Belichte ich bewußt in Abhängigkeit von Motiv und Lichtverhältnissen oder verlasse ich mich auf die Belichtungsautomatik?
- Wie groß ist das angestrebte Endformat (Vergrößerungsmaßstab, Projektionsgröße)?
- Für welchen Zweck benötige ich die Fotos: Projektion, Familienalbum, Fotowettbewerbe, Fotoausstellungen, Publikationen?

Die auf den nachfolgenden Seiten behandelten allgemeinen Fragen zur Filmwahl sind unter Berücksichtigung dieser individuellen Fragestellungen zu lesen.

Negativfilm oder Diapositivfilm?

Früher stand man vor der Entscheidung, entweder Papierbilder oder Diapositive zu erhalten. Dieses Entweder-Oder ist durch neue Technologien auch auf einer erschwinglichen Ebene entschärft worden. Es ist heutzutage kein Problem, von einem Negativfilm ein Diapositiv oder von einem Diapositiv einen Papierabzug herstellen zu lassen. Die wichtigsten Unterschiede zwischen Negativ- und Diafilm bleiben jedoch davon unberührt.

Diapositivfilme haben einen geringeren Kontrastumfang und einen engeren Belichtungsspielraum, so daß sie genauer zu belichten sind als Negativfilme. Der Kontrastumfang der Diapositivfilme liegt normalerweise etwa bei 5 EV, während der Belichtungsspielraum in der Regel nicht größer als ±1/2 oder ±1 EV ist. Farbnegativfilme können einen Kontrastumfang von 6 EV, hochempfindliche Schwarz-weißfilme sogar von bis zu 10 EV verkraften. Der Belichtungsspielraum in Richtung Unterbelichtung liegt bei etwa -1 bis -2 EV und in Richtung Überbelichtung bei etwa +3 EV. Allerdings ist die Farbwiedergabe und die Bildqualität von stark fehlbelichteten Negativen oft miserabel. Diapositive haben

131

in der Praxis auch eine genauere Farbwiedergabe, weil die Entwicklungsprozesse standardisiert sind, während heutige computergesteuerte Bildermaschinen mit einer Leistung von 20.000 Papierbildern in der Stunde nicht gerade für eine getreue Farbwiedergabe bekannt sind. Das gilt nicht für Fachvergrößerungen, doch die sind um ein Vielfaches teurer. Außerdem ist die Beurteilung der Farbe bei Negativfilmen schwierig, weil lediglich die Komplementärfarben zu sehen sind und die Filme zusätzlich mit einer orange-rötlichen Farbmaske überlagert sind. Diapositive werden auch als Druckvorlage für Bücher oder Zeitschriften bevorzugt, weil sie ohne Zwischenstufe direkt beurteilt und mit dem Scanner abgetastet werden können, zumal die Zwischentöne und Farbnuancen im Druck ohnehin nicht so differenziert wiedergegeben werden können. Allerdings können durch das Agfa DigiPrint-Verfahren Vergrößerungen vom Dia auf der gleichen Papiersorte wie vom Negativ gemacht werden, was eine recht feine Abstufung der Farben und Kontraste zur Folge hat.

Der Belichtungsspielraum der Diapositivfilme ist recht gering, so daß Fehlbelichtungen negativ ins Gewicht fallen

Niedrige, mittlere oder hohe Filmempfindlichkeit?

Die Filmempfindlichkeit ist eine Kenngröße eines jeden Films, die üblicherweise in ISO-Werten ausgedrückt wird. Die ISO-Werte (International Standard Organization) fassen die früheren DIN-Werte und ASA-Werte zusammen und sind bei jedem Film sowohl auf der Verpackung als auch auf der Patrone angegeben. Ein Film mit einer Empfindlichkeit von ISO 100/21° hat 100 ASA oder 21 DIN. Die ASA-Werte sind eine arithmetische Zahlenreihe, bei der eine Verdoppelung der Zahl gleichzeitig eine Verdoppelung der Filmempfindlichkeit bedeutet (und umgekehrt). Ein Film mit 200 ASA ist doppelt so empfindlich wie ein Film mit 100 ASA, so daß die Belichtung um die Hälfte (entweder um einen Blendenwert oder um eine Verschlußzeit) verringert werden muß. In der logarithmischen DIN-Skala entspricht jede Zahl dem Drittel einer Belichtungseinheit. Drei aufeinanderfolgende DIN-Zahlen entsprechen einem Lichtwert und bedeuten eine Verdoppelung der Filmempfindlichkeit. Ein Film mit 24 DIN ist doppelt so empfindlich wie ein Film mit 21 DIN.

Die Filmempfindlichkeit ist eine Kenngröße eines jeden Filmes und wird in ISO ausgedrückt

Die ISO-, ASA- oder DIN-Werte sind feststehende, normierte Größen, die aber in Bezug auf die Filmempfindlichkeit nur als Richtwerte zu betrachten sind. Die Filmempfindlichkeit kann nämlich durch verschiedene Faktoren verändert werden. Dazu zählen absichtlich abweichende Belichtung und Entwicklung, Alter der Emulsion, Art der Lagerung des Filmes vor der Belichtung, Zeit der Lagerung zwischen Belichtung und Entwicklung, Art der Lichtquelle bei der Aufnahme. Diese Faktoren gelten für sämtliche Filme, also auch für Schwarz-weiß- und Farbfilme, für Negativ- und Diafilme, für niedrig und hochempfindliche Filme. Allerdings ist das Ausmaß dieser Auswirkungen von Filmart zu Filmart verschieden. Auch kann, sozusagen vom Werk aus, die tatsächliche

Die angegebene Nennempfindlichkeit stimmt nicht immer mit der effektiven, also tatsächlichen Filmempfindlichkeit überein

Empfindlichkeit eines Filmes nicht mit der angegebenen übereinstimmen. Um nur ein Beispiel zu nennen: Die Empfindlichkeit des gegenwärtig wohl schärfsten und farbgesättigsten Diafilmes (für den E6-Prozeß), des Fujichrome Velvia, wird auf der Verpackung und auf der Patrone mit ISO 50/18° angegeben. Diesem Wert entspricht auch die DX-Kodierung. Tatsächlich liegt aber die effektive Filmempfindlichkeit des Velvia zwischen ISO 32/16° und ISO 40/17°, zweifelsohne ein Tribut an die ungewöhnlich hohe Farbsättigung. Wer nun mit unkorrigierter DX-Kodierung oder mit manueller Empfindlichkeitseinstellung auf ISO 50/18° mit dem Velvia fotografiert, wird etwa um eine halbe Stufe unterbelichtete Diapositive erhalten. Abhilfe ist nur von einer abweichenden Empfindlichkeitseinstellung zu erwarten.

Niedrigempfindliche Filme (ISO 25/15° – 50/18°) sind extrem feinkörnig und sehr scharf. Sie haben einen geringeren Kontrastumfang und einen engeren Belichtungsspielraum, so daß eine genaue Belichtung erforderlich ist. Die niedrige Empfindlichkeit führt, besonders bei ungünstigen Lichtverhältnissen, zu langen Verschlußzeiten, was die Verwacklungsgefahr erhöht und die Gestaltung der Schärfentiefe mit der Blende etwas einschränkt, sofern nicht vom Stativ fotografiert wird. Niedrigempfindliche Filme zeichnen sich durch eine gute Vergrößerungsfähigkeit aus. Farbfilme niedriger Empfindlichkeit haben eine sehr hohe Farbsättigung und Farbbrillanz. Bei Schwarz-weißfilmen ist aber die Tonwertdifferenzierung nicht so ausgeprägt wie bei den höherempfindlichen Filmen. Auch die Blitzreichweite sämtlicher niedrigempfindlicher Filme ist kürzer als bei höher empfindlichen Filmen. Niedrigempfindliche Filme sind hervorragend geeignet für Landschafts-, Studio- und Architekturfotografie.

Niedrigempfindliche Filme sind extrem feinkörnig und scharf. Die genaue Belichtung ist sehr wichtig

Mittelempfindliche Filme (ISO 100/21° – 200/24°) sind gute Allroundfilme. Sie sind immer noch sehr feinkörnig und scharf bei guter Farbsättigung und Brillanz. Sie ermöglichen kürzere Verschlußzeiten und kleinere Blendenöffnungen. Filme mittlerer Empfindlichkeit sind gut geeignet für Reise- oder Porträtfotografie, aber auch für Schnapp-schuß-, Architektur-, Landschaftsfotografie.

Mittelempfindliche Filme sind immer noch recht feinkörnig und scharf. Sie gelten als gute Allrounder

Hochempfindliche Filme (ab ISO 400/27°) haben eine geringere Schärfe, Farbsättigung und Brillanz als Filme mit niedriger Empfindlichkeit. Sie sind grobkörnig und lassen nur begrenzte Vergrößerungsmaßstäbe zu. Diese sozusagen »negativen« Eigenschaften hochempfindlicher Filme können aber als Stilmittel gezielt in die Bildgestaltung miteinbezogen werden. Filme mit hoher Empfindlichkeit ermöglichen kurze Verschlußzeiten und geben der Gestaltung der Schärfentiefe mit der Blende sehr viel Spielraum auch bei Freihandaufnahmen. Die Stärke dieser Filme ist die Available-Light-Fotografie, sie können aber auch in der Reportage-, Sport- und Actionfotografie eingesetzt werden.

Hochempfindliche Diafilme sind grobkörnig und weniger scharf. Der 400er Farbnegativfilm dagegen kann als Standardfilm verwendet werden

Für Schärfefanatiker

Für viele Fotografen ist die Schärfe immer noch das Maß der Dinge bei der Beurteilung der allgemeinen Bildqualität. Ob das sinnvoll ist oder nicht, darüber gehen die Meinungen auseinander. Ohne an dieser Stelle in die Schärfediskussion eingreifen zu wollen, sind einige theoretische Ausführungen zu diesem Thema unvermeidlich, weil gerade bei Filmen Begriffe wie Auflösungsvermögen oder Körnigkeit oft falsch bewertet werden.

Das Auflösungsvermögen (AV) ist die Fähigkeit eines Objektives oder eines Filmes, feinste und dicht beieinander liegende Details getrennt wiederzugeben. Das Auflösungsvermögen wird in Linienpaare pro Millimeter (Lp/mm) oder in Gitterperioden pro Millimeter (Per/mm) ausgedrückt und wird folgendermaßen ermittelt: Eine Testtafel mit regelmäßigen, immer feiner werdenden Strukturen (Linienraster, Foucaultsche Miren, Siemensstern, Schumannsches Sechseck) wird bei normiertem Beleuchtungs- und Helligkeitskontrast aufgenommen.

Die Schärfe gilt bei vielen Fotografen als Maß der Dinge bei der Beurteilung der allgemeinen Bildqualität

Die Aufnahmen für Filmtests werden mit einem hochauflösenden Mikroskopobjektiv mit einem Bildwinkel von etwa 4° gemacht. Das Auflösungsvermögen eines Filmes gibt die Anzahl der Linienpaare an, die in der Wiedergabe pro Millimeter noch deutlich von einander unterschieden werden können. Bei Filmen nimmt das Auflösungsvermögen mit zunehmender Filmempfindlichkeit ab. So hat der niedrig empfindliche Dokumentfilm Kodak Technical Pan eine Auflösung von 320 Lp/mm, der Kodak T-Max 100 eine von 200 Lp/mm, während der T-Max 400 eine Auflösung von 125 Lp/mm hat. Diese Werte sind als rein theoretisch zu betrachten, da sie in der Fotopraxis niemals erreicht werden.

Das Auflösungsvermögen ist die Fähigkeit eines Films, feinste und dicht beieinanderliegende Details des Aufnahmeobjektes noch getrennt wiederzugeben

In der praktischen Arbeit können eine Reihe von Parametern das theoretische Auflösungsvermögen erheblich vermindern. Dazu zählen ein geringer Objektkontrast, Verwackeln während der Aufnahme, ungenaue Fokussierung. Großen Einfluß auf das Auflösungsvermögen der Filme haben außerdem die Belichtung, Entwicklung, Körnigkeit und nicht zuletzt der Diffusionslichthof. Aber selbst bei akkurater Arbeitsweise unter optimalen Bedingungen sind die angegebenen Werte für die Auflösung der Filme in der Praxis zu halbieren.

Ein anderer für die Schärfe wichtiger Faktor ist die Kontrastwiedergabe. Der Kontrast hat einen entscheidenden Einfluß auf den Schärfeeindruck des Bildes. Schwarzweißlaboranten beispielsweise machen sich das zunutze, indem sie leicht unscharfe Negative auf hartem, kontrastreichem Papier vergrößern, und so den Schärfeeindruck des Bildes steigern. Der Kontrast eines Bildes ist die Summe verschiedener »Einzelkontraste«, wie Motivkontrast, Beleuchtungskontrast oder Farbkontrast und kann beeinflußt werden durch die Film- und Papiergradation, durch die Film- und Papierentwicklung, durch die Art des Vergrößerers (Licht und Kondensor) und vor allem durch die Kontrastwiedergabe der Objektive, wobei nicht nur Aufnahmeobjektive, sondern auch Vergrößerungs- und Projektionsobjektive gemeint sind.

Die theoretischen Auflösungswerte der Filmmaterialien sind für die Praxis zu halbieren

Weitere Parameter der Schärfe der Filme sind die Konturenschärfe, der Diffusionslichthof und die Körnigkeit. Die Konturenschärfe ist die Fähigkeit fotografischer Schichten, die Trennungslinien (Konturen) zwischen hellen und dunklen Partien als möglichst exakt begrenzte Linie wiederzugeben. Bestimmt wird die Konturenschärfe in erster Linie vom Diffusionslichthof, der durch Lichtstreuung an der Oberfläche der Silberhalogenidkörner in der Emulsion entsteht. Im Gegensatz zum Reflexionslichthof kann der Diffusionslichthof durch Schutzschichten nicht beseitigt werden, sondern ist für jede fotografische Schicht eine Konstante. Die Konstante für die Konturenschärfe definiert als k-Wert oder k-Zahl das Ausmaß des Diffusionslichthofes und kann somit zur Beurteilung der Bildschärfe herangezogen werden. Der Diffusionslichthof und damit die Konturenschärfe werden durch Körnigkeit, Schichtdicke und Gradation der Emulsion beeinflußt. Der k-Wert ist aber ebenfalls ein theoretischer Wert, der eine Emulsion unter normierten Bedingungen charakterisiert und dabei wichtige Faktoren, die in der Praxis die Bildschärfe beeinflussen, wie beispielsweise Belichtung und Entwicklung, unberücksichtigt läßt. Daher ist die Konturenschärfe allein betrachtet ein unzureichendes Maß für die Bestimmung der Schärfe eines Filmes.

Das einzelne Silberhalogenidkristall in einer fotografischen Emulsion vor der Entwicklung wird als Korn bezeichnet. Analog dazu wird die Körnigkeit fälschlicherweise definiert als Summe und Größe der lichtempfindlichen Silberhalogenidkristalle in fotografischen Emulsionen, die durch Entwicklung zu metallischem Silber reduziert werden. Und genau das ist Körnigkeit nicht. Nicht die zu Silber reduzierten einzelnen Körner, sondern die Überlappung und Anhäufung solcher Körner, die eine Kornstruktur hervorrufen, wird als Körnigkeit bezeichnet. Das trifft aber nur auf das Negativ zu, den in der Praxis werden im Positiv eigentlich die Räume zwischen den Kornanhäufungen als Körnigkeit visuell wahrgenommen. Von der Körnigkeit des Negativs kann also nicht unmittelbar auf die Körnigkeit der Vergrößerung geschlossen werden.

Grundsätzlich gilt, daß feinkörnige, dünnschichtige und niedrigempfindliche Filme schärfer sind als grobkörnige, dickschichtige und hochempfindliche Filme. Dünnschichtige Filme bilden kontrastreicher als dickschichtige ab und haben ein höheres Auflösungsvermögen. Auch der Diffusionslichthof ist bei feinkörnigen Filmen geringer und die Konturenschärfe höher als bei grobkörnigen. Und dennoch kann es vorkommen, daß ein grobkörniger Film schärfer wirkt als ein feinkörniger. Zum Beispiel wenn ein dünnschichtiger Film in einem echten Feinkornentwickler entwickelt wurde, weil die darin enthaltenen Silberbromidlösungsmittel die Konturenschärfe reduzieren. Auch kann es vorkommen, daß größere Körner, obwohl sie nur größere Details auflösen, aufgrund der höheren Lichtabsorption einen geringeren Diffusionslichthof aufweisen und somit die aufgelösten Details besser voneinander trennen, was den Schärfeeindruck erhöht.

Die Konturenschärfe kennzeichnet die Fähigkeit fotografischer Schichten, den Übergang von weißer zu schwarzer Bildpartie als begrenzte Linie Wiederzugeben

Als Körnigkeit wird die Kornstruktur einer fotografischen Schicht nach der Entwicklung bezeichnet

Zubehör für Kamera und Objektive

Zubehör kann die Einsatzmöglichkeiten der EOS 500N und der EF-Objektive erweitern. Durch Zubehör können neue fototechnische Anwendungsbereiche, wie beispielsweise der Makrobereich, erschlossen werden. Vorsätze, wie Filter oder Weichzeichner, können auch für die kreative Bildgestaltung eingesetzt werden. Daß aber das Zubehör nicht wahllos, sondern gezielt verwendet werden soll, muß nicht eigens betont werden.

Aufnahmefilter

Aufnahmefilter gehören zur Standardausrüstung der ambitionierten Fotografen. Filter können die Wirklichkeit verfremden, die Bildaussage steigern und von einem durchschnittlichen Motiv eine Aufnahme voller Spannung ermöglichen. Filter können aber auch eine wirklichkeitsgetreue Tonwert- oder Farbwiedergabe bewirken. Es gibt folglich, je nach Einsatzzweck, verschiedene Arten von Filtern, beispielsweise für Schwarzweißaufnahmen, für Farbaufnahmen, Effektfilter und technische Filter. Die wichtigsten Filter und ihre Verwendung werden nachfolgend beschrieben. Doch bevor die Entscheidung für das eine oder das andere Filter fällt, sollten einige grundsätzliche Aspekte berücksichtigt werden (in der Fotografie ist die Bezeichnung »das Filter« korrekt).

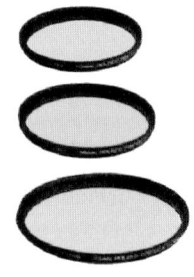

Die Filter werden aus eingefärbtem Glas oder Kunststoff hergestellt und (von Einbaufiltern, die Teil der optischen Konstruktion sind, abgesehen) vor der Frontlinse des Objektives befestigt. Sie bilden zusätzliche Luft-Glas/Kunstoff-Glas-Flächen, die Licht absorbieren und, je nach der optischen Qualität der Filter, das einfallende Licht mehr oder weniger brechen. Die Folgen sind Lichtverlust und eine Verminderung der Schärfe- und Kontrastwiedergabe.

Der Lichtverlust ist abhängig vom Filtertyp und wird durch den Verlängerungs- oder Filterfaktor vom Hersteller für gewöhnlich auf der Filterfassung angegeben. Bei der TTL-Messung der EOS 500N wird der Verlängerungsfaktor in der Regel automatisch berücksichtigt. Bei der Arbeit mit einem Handbelichtungsmesser muß der gemessene Belichtungswert mit dem Filterfaktor multipliziert werden, wobei man das Filter auch vor den Belichtungsmesser halten kann, so daß die Verlängerung der Belichtung in die Messung eingeht. Diese Methode ist aber bei Verwendung von Verlauf- und einigen Effektfiltern nicht zu empfehlen, weil die Verlängerung der Belichtung bei diesen Filtern von der Filterposition, die sich nicht genau reproduzieren läßt, mitbestimmt wird.

Der Filterfaktor ist unter anderem aber auch abhängig von der Farbtemperatur des Aufnahmelichtes. Der angegebene Faktor bezieht sich normalerweise auf mittleres Tageslicht (5500 Kelvin) und stimmt nicht mehr bei Aufnahmen, die am frühen Morgen, in

Canon bietet verschiedene Filter an, deren Durchmesser mit dem der meisten EF-Objektive übereinstimmt. Für einige Teleobjektive werden auch spezielle Einschubfilter angeboten

Bei der Verwendung bestimmter Filter kann es trotz TTL-Belichtungsmessung zu Fehlbelichtungen kommen

der Dämmerung, bei stark bewölktem Himmel, in großer Höhe oder bei Kunstlicht gemacht werden. Je nach Filterfarbe und spektraler Zusammensetzung des Lichtes kann sich der Verlängerungsfaktor erhöhen oder vermindern. Das wird normalerweise bei der TTL-Messung berücksichtigt, doch es kann vor allem bei Filtern für die Schwarzweißfotografie vorkommen, daß gewisse Motivfarben bei der Übertragung in Grautönen unter- oder überbelichtet wiedergegeben werden. Vorsicht ist vor allem bei kontraststeigernden Filtern mit relativ hoher Dichte, wie beispielsweise Orange- und Rotfiltern, geboten.

Eine weitere Quelle für Fehlbelichtungen ist in der unterschiedlichen spektralen Empfindlichkeit der verschiedenen Arten von Meß-zellen zu suchen, die außerdem noch durch Fertigungstoleranzen schwanken kann. Das gilt sowohl für externe als auch für TTL-Belichtungsmessung. Zwar haben einige Kamerahersteller in den letzten Jahren durch entsprechende Korrekturen (Filter vor den Meßzellen) versucht, dieses Problem zu entschärfen, eine restlose Korrektur ist gegenwärtig aber noch nicht realisierbar. Je nach Filterfarbe und farblicher Zusammensetzung des Motivs und des Aufnahmelichtes können Abweichungen in Richtung Über- oder Unterbelichtung auftreten. Da die Filme nicht für alle Spektralfarben die gleiche Empfindlichkeit haben, kann das zu unerwünschten Tonwert- oder Farbverschiebungen führen.

Auch gilt es zu berücksichtigen, daß verschiedene Verlängerungsfaktoren, beispielsweise bei gleichzeitiger Verwendung von mehreren Filtern oder bei zusätzlicher Auszugsverlängerung des Objektivs, nicht zu addieren, sondern zu multiplizieren sind. Wenn die einzelnen Verlängerungsfaktoren aber bereits in Lichtwerte umgerechnet wurden, sind die Lichtwerte zu addieren. Allerdings ist bei der Verwendung von mehreren Filtern gleichzeitig größte Vorsicht geboten. Wenn Filter aus verschiedenen Klassen, wie beispielsweise Rot- und Grünfilter, kombiniert werden, können sie ihre Wirkung gegenseitig aufheben. Es macht auch keinen Sinn, mehrere Filter aus derselben Klasse, wie beispielsweise Gelb- und Rotfilter, gleichzeitig zu verwenden, weil die Wirkung nicht gesteigert wird, sondern dieselbe ist, als wenn man nur das stärkere Filter eingesetzt hätte.

Aufnahmefilter sollten bewußt und Effektfilter eher sparsam eingesetzt werden

Selbst eine ausgeklügelte TTL-Messung erfordert also bei der Verwendung von Aufnahmefiltern Mitdenken. Am besten konzentriert sich der Fotograf auf wenige Filter, deren Wirkung auf den Belichtungsmesser und das Filmmaterial er durch Testaufnahmen kennt. Die Konzentration auf wenige Filter bewahrt im Zweifelsfall auch vor Kitsch. Auch die inflationäre Verwendung von Effektfiltern führt nämlich nicht zwangsläufig zur Kreativität, wie in der Werbung suggeriert wird. Zu empfehlen sind Polarisationsfilter, neutrale Verlauffilter, in bestimmten Fällen UV-Sperrfilter und für Schwarzweißfotografen zusätzlich Rot-, Gelb- oder Orange- und Gelbgrün- oder Grünfilter.

Vorsatzfilter gehören zwar nicht zur Objektivkonstruktion, doch sie sind Bestandteil des optischen Systems. Deswegen sollte bei der Wahl der Filter für hochwertige Objektive stets auf Qualität geachtet werden. Die besten optischen Eigenschaften weisen in der Masse gefärbte und planparallel geschliffene Glasfilter auf, die, je nach Filterart, einfach oder mehrfach vergütet sind. Die Vergütung sollte, genauso wie bei den Objektiven, auf den Anwendungsbereich des jeweiligen Filters abgestimmt sein. Außerdem sollten die Filter lose in der Fassung eingelegt sein, damit keine Spannungen die Planparallelität der Oberfläche beeinträchtigen.

Hochwertige Filter sind erwartungsgemäß nicht ganz billig. Deswegen kaufen viele Fotografen Filter für das Objektiv mit dem größten Durchmesser und setzen diese über Adapterringe auch an den anderen Objektiven an. Dagegen spricht die Tatsache, daß die Gegenlichtblende oft nicht mehr aufgesteckt oder herausgezogen werden kann. Da planparallele Filter besonders anfällig gegen Lichtreflexe sind, kann dadurch die Kontrastwiedergabe beeinträchtigt werden. Außerdem können die Adapterringe bei extremen Weitwinkelobjektiven Vignettierung verursachen.

Glasfilter mit einer hochwertigen Vergütung weisen eine bessere optische Qualität auf als Kunststoff- oder Gelatinefilter

Eine preisgünstige Lösung bieten die Filterhalter an. Darin können Kunststoff- oder Gelatinefilter eingelegt werden. Über verschiedene Adapter kann der Filterhalter an fast allen Objektiven angesetzt werden. Weitverbreitet sind das Cokin-Filtersystem sowie das Kodak-Filtersystem (Wratten-, CC-Filter), die eine große Auswahl an Filtern bieten. Kunststoff- und Gelatinefilter können auch in ein Kompendium mit Filterfach eingelegt werden. Die Kunststoff- und die Gelatinefilter sind von guter Qualität, erreichen aber nicht das Niveau der vergüteten Glasfilter. Kunststoff- und Gelatinefilter sind sehr kratzempfindlich und ziehen Staub an.

UV-Sperrfilter (0-Haze)

Bei klarem Himmel kann vor allem im Gebirge, am Meer, im Schnee oder sogar in der Landschaft um die Städte, der Anteil der Ultraviolett-strahlung recht hoch sein. Das menschliche Auge kann die UV-Strahlen zwar nicht wahrnehmen, doch die meisten Filme sind auch dafür sensibilisiert (einige Filme mit UV-Sperrschicht ausgenommen). Wenn man nun bedenkt, daß die Objektive die UV-Strahlung, durch die Wellenlänge bedingt, vor der Bildebene fokussieren, wird sofort klar, warum ein hoher Ultraviolettanteil zu Bildunschärfe führen kann. Das UV-Sperrfilter reduziert den Anteil der UV-Strahlung, die auf den Film gelangt, so daß die Unschärfe und der atmosphärische Dunst unterdrückt werden (daher auch die Bezeichnung Haze-Filter). Bei Farbaufnahmen wird auch der durch die UV-Strahlung verursachte Blaustich ausgefiltert. Die UV-Filter haben den Verlängerungsfaktor 1 (die Belichtung muß also nicht verlängert werden).

UV-Sperrfilter sind keine »durchsichtigen Objektivdeckel« und sollten daher nicht als solche im Dauereinsatz sein

Bei vielen der modernen, hochwertigen Objektive wird die UV-Strahlung durch spezielle Vergütungsschichten beseitigt, so daß die Verwendung von UV-Sperrfiltern überflüssig ist. Dennoch wird in der Fachliteratur immer wieder empfohlen, die Frontlinse der teuren Objektive mit einem UV-Sperrfilter zu schützen. Im harten Einsatz der Fotojournalisten und Kriegsberichterstatter, bei Fotolocations am Strand, auf hoher See oder in der Wüste macht das sicher Sinn. Ansonsten ist die Funktion des UV-Sperrfilters als »durchsichtiger Objektivdeckel« jedoch fraglich. Bei gewöhnlichem Einsatz in unseren Breitengraden ist die Frontlinse kaum gefährdet – und bei extremen Weitwinkel- und Fisheye-Objektiven mit exponierter Frontlinse können Filter wegen der Vignettierung sowieso nicht verwendet werden. Die einschraubbaren UV-Sperr-filter, seien sie auch noch so hochwertig, wurden bei den Objek-tivrechnungen nicht mitberücksichtigt und können die Bildschärfe beeinträchtigen. Ferner können bei den planparallel geschliffenen Filtern vor allem bei hohen Motiv-kontrasten, Gegenlichtsituatio-nen oder bei einem bestimmten Einfallswinkel des Lichtes ver-stärkt großflächige Lichtreflexe auftreten, was sich negativ auf die Schärfe- und Kontrastwiedergabe auswirkt. Aus diesen Gründen sollte man bei bereits entsprechend vergüteten Objektiven keine UV-Sperrfilter als »durchsichtige Objektivdeckel« verwenden, es sei denn, der harte Einsatz »on Location« erfordert es. Canon bietet UV-Sperrfilter mit Durchmessern von 52 mm, 58 mm und 72 mm.

Skylight-Filter

Großer Beliebtheit erfreuen sich auch die Skylight-Filter, die es in zwei Ausführungen unter der Zusatzbezeichnung 1A und 1B gibt (1B hat die stärkere Wirkung). Sie gelten als Standardfilter für Farbaufnahmen, weil sie den Blaustich vor allem bei Aufnahmen in den Mittagsstunden beseitigen, die UV-Strahlung und den atmosphärischen Dunst teilweise unterdrücken. Dieselbe Funkti-on haben auch bestimmte Vergütungsschichten bei teueren Ob-jektiven, so daß auch diese Filter weitgehend überflüssig sind.

Skylightfilter haben die-selbe Funktion wie be-stimmte Vergütungs-schichten hochwerti-ger Objektive und sind daher mehr oder weni-ger entbehrlich

Bei den Skylight-Filtern muß kein Verlängerungsfaktor berück-sichtigt werden, so daß viele Fotografen sie zum Schutz der Frontlinse ständig an den Objektiven lassen. Das ist, wie auch bei den UV-Sperrfiltern, nur unter harten Aufnahmebedingungen sinn-voll, ansonsten sollte man lieber von der Verwendung von Sky-light-Filtern absehen. Gegen den Einsatz von Skylight-Filtern an qualitativ hochwertigen Objektiven gibt es aber noch grundsätzli-che Bedenken. Die Filter sind leicht rosa getönt, wobei 1B die stärkere Einfärbung aufweist. Das führt zu einer wärmeren Farb-wiedergabe und verfälscht die neutrale Farbwiedergabe guter Objektive. Canon bietet Skylight-Filter mit Durchmessern von 52 mm, 58 mm und 72 mm.

Polarisationsfilter

Unentbehrlich sind da-gegen die Polfilter, wo-bei das ebenfalls kei-nen Dauereinsatz impli-ziert

Das Polarisationsfilter ist vielleicht das wichtigste Filter in der professionellen und semiprofessionellen Fotografie, wird aber auch von ambitionierten Fotoamateuren häufig verwendet. Des-wegen werden wir etwas ausführlicher auf den Umgang mit Pola-risationsfiltern eingehen.

Es ist allgemein bekannt, daß Polarisationsfilter Reflexe von nicht-metallischen Oberflächen, wie beispielsweise Wasser, Glas, glän-zenden Kunststoffteilen, poliertes Holz, lackierten Flächen, nassem Straßenbelag oder reflektierendem Blattgrün in der Sonne, beseiti-gen können. Weniger bekannt sind die physikalischen Grundlagen der Polarisation, deren Kenntnis jedoch unerläßlich ist für den richti-gen Einsatz von Polarisationsfiltern. Beginnen wir also mit einer kurzen und vereinfachten Darstellung der Polarisationstheorie.

Licht besteht (von der Teilchennatur abgesehen) aus elektromagnetischen Wellen, die sich ausbreiten, indem sie senkrecht zur Fortpflanzungsrichtung innerhalb eines Scheitelwertes (Amplitude) in allen Richtungen schwingen. Das kann man sich (im Querschnitt) bildlich so vorstellen, wie die Speichen eines Rades (= Lichtwellen), die von der Nabe strahlenförmig auseinandergehen (= Schwingungsebenen), sich senkrecht zur Achse (= Fortpflanzungsrichtung) befinden und deren Länge von den Felgen bestimmt wird (= Amplitude). Wenn ein Lichtstrahl nur noch in einer Ebene schwingt, spricht man von linear polarisiertem Licht. Wenn ein Lichtstrahl nur in zwei senkrecht zueinander liegenden Ebenen schwingt, spricht man von elliptisch oder zirkular polarisiertem Licht: Bei der elliptischen Polarisation sind die Amplituden beider Wellen unterschiedlich groß und weisen außerdem eine Phasendifferenz von 1/4 der Wellenlänge auf. Bei der zirkularen Polarisation sind die Amplituden beider Wellen gleich groß. Die Ausbreitung des zirkular polarisierten Lichtes kann man sich bildlich etwa so vorstellen, wie die gleichzeitige Längs- und Drehbewegung eines Korkenziehers. Der Vollständigkeitshalber sei noch erwähnt, daß es links und rechts elliptisch beziehungsweise zirkular polarisiertes Licht gibt.

Lichtbrechung, Teilreflexion und Streuung können die Schwingungsebenen reduzieren. Wenn natürliches Licht auf ein teildurchlässiges Medium, wie Glas oder Wasser (gilt nicht für fließende oder bewegte Gewässer) trifft, wird ein Teil des Lichtes beim Eintritt in das Medium (durch Verringerung der Fortpflanzungsgeschwindigkeit) gebrochen, während der andere Teil reflektiert wird. Der reflektierte Lichtstrahl ist in einem Winkel von 90° zum gebrochenen Strahl vollständig linear polarisiert. Daraus folgt, daß der Polarisationswinkel vom Brechungsindex des Mediums abhängig ist. Eine vollständige Ausschaltung der Reflexe durch das Polarisationsfilter ist nur bei diesem Winkel möglich. Je größer die Abweichung des Aufnahmewinkels zum Polarisationswinkel ist, desto geringer fällt die Reflexminderung aus. Ein Linear-Polarisationsfilter reduziert oder löscht das linear polarisierte Licht und polarisiert natürliches Licht linear. Ein Zirkular-Polarisationsfilter reduziert linear polarisiertes Licht (mehr oder weniger, je nach Aufnahmewinkel und Drehposition) und polarisiert natürliches Licht zirkular. Der Aufnahmewinkel, unter dem die Polarisation weitgehend ausgeschaltet werden kann, liegt normalerweise, je nach Medium und Lichtrichtung, zwischen 30° und 40°.

Reflexionen, die beispielsweise an der Oberfläche von verchromtem Metall entstehen, können nicht unmittelbar mit einem Polarisationsfilter beseitigt werden, weil das auftreffende Licht aufgrund der Totalreflexion und der fehlenden Brechung nicht polarisiert wird. Bei Studioaufnahmen von hochglänzenden Metallobjekten oder auch in der Reprofotografie wird das Studiolicht durch Polarisationsfolien, die vor den Reflektoren befestigt werden, polarisiert. Mit einem Polarisationsfilter vor dem Objektiv

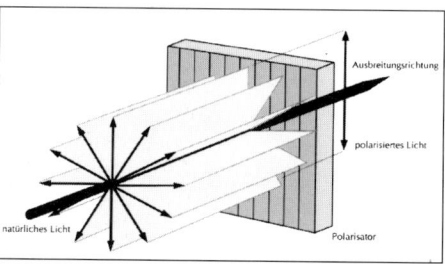

Schematische Darstellung der Wirkung eines Polarisationsfilter (Abb. Sharp)

Bei der Canon EOS 500N sollte man ausschließlich Zirkular-Polfilter verwenden

lassen sich dann die metallischen Reflexe beseitigen. Licht kann nicht nur durch Brechung und Reflexion, sondern auch durch Streuung polarisiert werden, wobei der Streueffekt senkrecht zur Fortpflanzungsrichtung am größten ist. Das kann man vor allem bei Landschaftsaufnahmen feststellen. Wenn die Aufnahmerichtung etwa im rechten Winkel zur Sonne steht, genügt bereits ein kleiner Dreh am Polarisationsfilter um das Streulicht zu unterdrükken und den Himmel dunkler wiederzugeben. Das ist übrigens die einzige Methode in der Farbfotografie, das Blau des Himmels dunkler wiederzugeben, ohne die anderen Farben zu verändern (Grauverlauffilter gleichen lediglich die Kontraste zwischen Himmel und Landschaft aus). Bei Landschaftsaufnahmen mit Weitwinkelobjektiven und Polarisationsfiltern ist aber zu beachten, daß durch den großen Bildwinkel oft große Himmelpartien erfaßt werden, die normalerweise unterschiedlich starke Polarisation aufweisen. In diesen Fällen wird der Himmel auf den Fotos nicht gleichmäßig »abgedunkelt«.

Das Polarisationsfilter verringert aber nicht nur das Streulicht, sondern auch die Reflexe, die in der Vegetation und an den Oberflächen verschiedener Objekte in der Landschaft entstehen. Als Folge davon werden auch die übrigen Farben reiner, brillanter und gesättigter wiedergegeben (gute Polarisationsfilter erzeugen keinen Farbstich). Aus diesen Gründen sind die Polarisationsfilter aus der professionellen Landschafts- und Reisefotografie nicht mehr wegzudenken.

Bei Kameras wie der EOS 500N, bei denen die Meßzelle hinter einem teildurchlässigen Spiegel angebracht ist, sollten nur Zirkular-Polarisationsfilter verwendet werden, um Fehlmessungen weitgehend zu vermeiden. Die Wirkung des Polarisationsfilters läßt sich unmittelbar im Sucher betrachten. Das Filter wird so lange gedreht, bis die gewünschte Wirkung sichtbar wird. Einige EF-Zooms sind aber ohne Geradführung konstruiert, so daß sich der Tubus mit dem Filtergewinde beim Fokussieren mitdreht. Dadurch verändert sich beim Fokussieren die Position und somit die Wirkung des Polfilters. Folglich sollte bei diesen Objektiven die Position des Polfilters erst nach erfolgter Fokussierung bestimmt werden, wobei manuelle Scharfeinstellung bei Verwendung eines Polfilters angebracht ist.

Ein Polfilter muß nicht immer auf ganz dunkel gedreht werden. Oft erreicht man mit Zwischenpositionen die bessere Wirkung
(Foto: Birgit Landt)

Besondere Beachtung muß man aber trotz TTL-Messung der Belichtung schenken. Immer wieder wird man belehrt, daß der mit Zirkular-Polarisationsfiltern gemessene Belichtungswert übernommen werden kann. Weitverbreitet ist auch die Ansicht, daß der Verlängerungsfaktor bei Polarisationsfiltern sich nicht mit der Stellung des Filters verändert, sondern stets gleich bleibt (was theoretisch auch stimmt). Das wird von der Dichte des Filters abgeleitet, die immer konstant bleibt. In der Praxis der TTL-Messung begegnet man aber folgendem Aspekt: Mit der TTL-Messung kann man nämlich einwandfrei feststellen, daß sich der Belichtungswert mit der Position des Polfilters ändert. Das Ausmaß der Veränderung hängt vom Anteil des polarisierten Lichtes und vom Winkel dieses Lichtes zum Filter ab. Je mehr polarisiertes Licht vom Filter gesperrt wird, desto dunkler werden die reflektierenden nichtmetallischen Flächen im Bild wiedergegeben. Die TTL-Messung steuert bei dem dunkler erscheinenden Motiv eine reichlichere Belichtung, so daß die Aufnahme mehr oder weniger überbelichtet wird, was die Filterwirkung im Bild wiederum abschwächt. Im Fotoalltag kann man sich folglich auf den durch TTL-Messung ermittelten Belichtungswert nicht immer verlassen. Bei der Verwendung eines Zirkular-Polarisationsfilters sollte man daher folgendermaßen vorgehen: Das Filter sollte man zunächst in die Position drehen, in der die schwächste Wirkung sichtbar und der Meßwert für die knappere Belichtung angezeigt wird. Dieser Meßwert ist maßgeblich für die anschließende Belichtung und muß gespeichert oder fest eingestellt werden. Danach kann das Polarisationsfilter in die gewünschte Position gedreht werden, ohne den nun angezeigten Wert für eine reichlichere Belichtung zu berücksichtigen. Für eine bequeme Arbeitsweise mit Polarisationsfiltern sind die manuelle Belichtungseinstellung und Fokussierung die geeigneten Arbeitsmethoden.

Polarisationsfilter können bei akkurater Arbeitsweise sowohl bei Schwarzweiß- als auch bei Farbaufnahmen die Bildergebnisse entscheidend verbessern. Polarisationsfilter können aber auch, gedankenlos eingesetzt, die Stimmung eines Bildes ruinieren, indem sie beispielsweise den Glanz eines nassen Kopfsteinpflasters oder Spitzlichter beseitigen. Oft kann es auch wirkungsvoll sein, die Polarisation nur teilweise auszulöschen. Von Canon werden unter der Bezeichnung »Zirkular-Polfilter C« Filter mit Durchmessern von 52 mm, 58 mm, 72 mm und 77 mm angeboten.

Auch ein zirkulares Polfilter kann die TTL-Messung der EOS 500N irreführen. Daher ist folgende Vorgehensweise empfehlenswert:

- Polfilter in die Position mit der schwächsten Wirkung drehen
- In dieser Position die Belichtung ermitteln und speichern
- Anschließend das Polfilter so drehen, daß die gewünschte Wirkung im Sucher festgestellt werden kann
- Ausgelöst wird mit dem gespeicherten Wert für die schwächste Filterwirkung

Verlauffilter

Auch Verlauffilter sind aus der anspruchsvollen Landschaftsfotografie nicht mehr wegzudenken. Die Verlauffilter sind zur Hälfte eingefärbt, wobei der Übergang zwischen der eingefärbten und der klaren Hälfte fließend verläuft. Es gibt neutrale und farbige Verlauffilter. Während neutralgraue Verlauffilter bei Landschaftsaufnahmen bei fast jedem Motiv eingesetzt werden können, ist beim Umgang mit Farbverlauffiltern große Vorsicht geboten, weil man nur allzu leicht in Klischees abgleiten kann. Die neutralen Verlauffilter, auf die wir hauptsächlich eingehen, können sowohl in der Schwarzweiß- als auch in der Farbfotografie verwendet werden. Mit Verlauffiltern können beispielsweise große Helligkeitsunterschiede zwischen Vordergrund und Himmel ausgeglichen werden, was eine Überbelichtung des Himmels oder eine Unterbelichtung des Vordergrundes verhindert. Das ist besonders bei Landschaftsaufnahmen auf Diafilm wichtig, weil der Motivkontrast oft größer ist als der Belichtungsumfang des Films. Neutrale Verlauffilter sind auch geeignet, die Wolken besser sichtbar zu

Rechte Seite:
Polarisationsfilter gehören zur Standardausrüstung für anspruchsvolle Reisefotografie. Sie erhöhen die Farbsättigung, wobei der Sättigungsgrad durch Drehen des Filters bestimmt werden kann (Polarisationsfilter nicht ganz dunkel drehen)

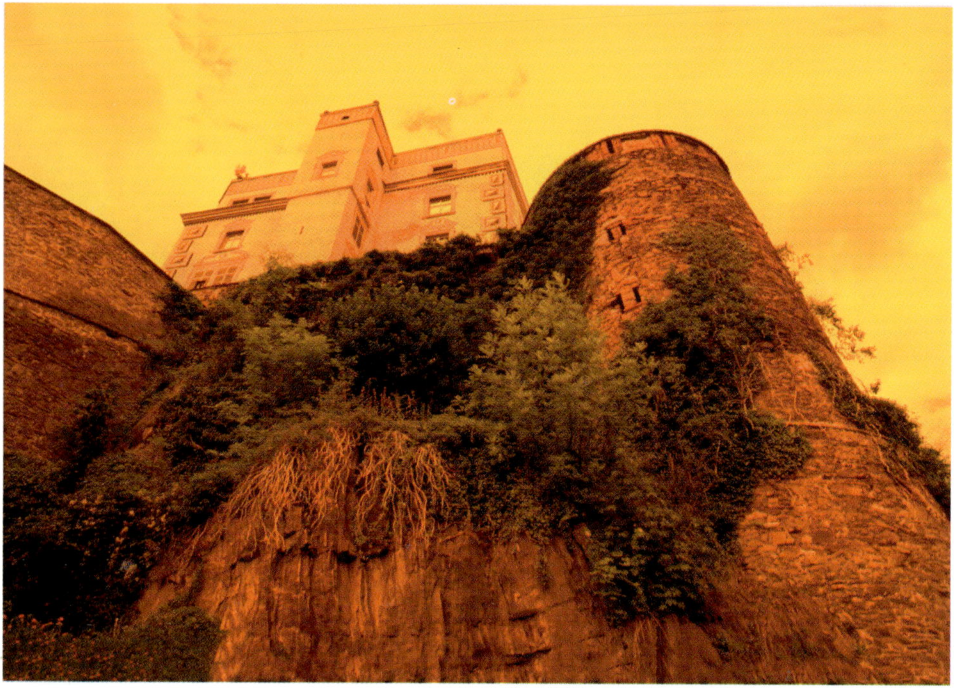

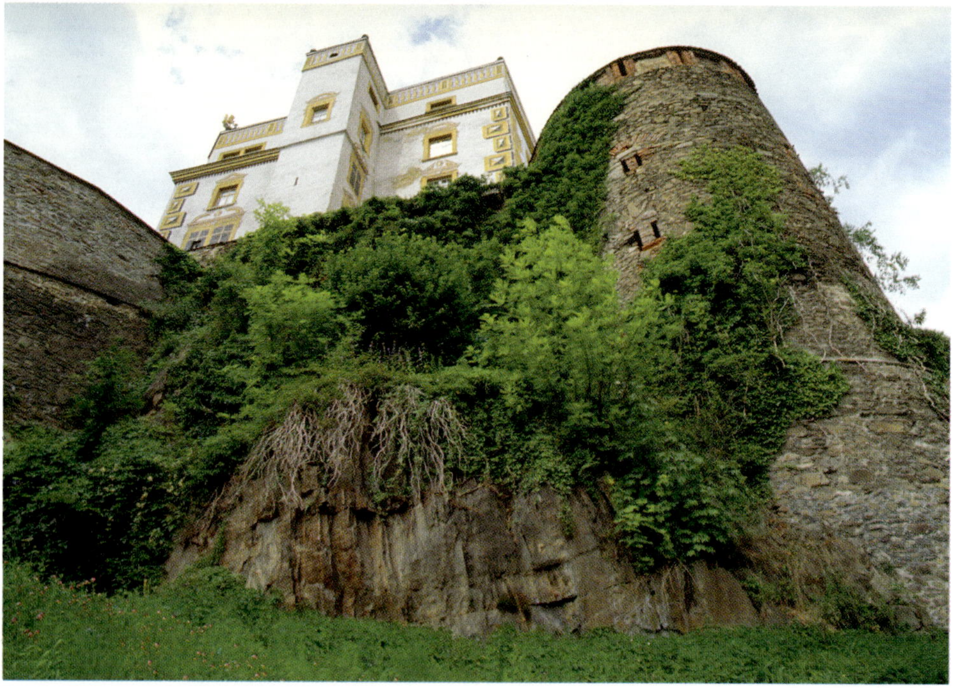

Neutrale Verlauffilter gleichen vor allem bei Landschaftsaufnahmen große Helligkeitsunterschiede zwischen Vordergrund und Himmel aus

Verlauffilter können den Autofokus der EOS 500N irreführen, so daß man am besten manuell fokussieren sollte

Graufilter reduzieren das einfallende Licht um den angegeben Faktor

Linke Seite:
Interessante Efekte können auch erzielt werden, wenn Filter für die Schwarzweißfotografie bei Farbaufnahmen eingesetzt werden. Das obere Bild ist mit einem Orangefilter entstanden

machen, bei Innenaufnahmen die Intensität der Lichtquellen zu vermindern oder bei Blitzaufnahmen eine Überbelichtung nahegelegener Objekte zu vermeiden. Wir raten beim Kauf von Verlauffiltern von Einschraubfiltern (mit Drehfassung) ab, weil der Farbübergang genau durch die Mitte verläuft. Damit wird der Fotograf nahezu genötigt, die Horizontlinie in die Nähe der Bildmitte zu plazieren, was im allgemeinen der Bildgestaltung nicht gerade förderlich ist. Zu empfehlen sind Verlauffilter, die in einen Filterhalter eingesetzt werden, wie zum Beispiel die Cokin-Verlauffilter. Am besten greift man zur Mittelformat-Größe (P), weil sie größte Verschiebewege im Filterhalter ermöglicht. Der Filterhalter ist außerdem mit Drehfassung ausgestattet, so daß der lineare Farbverlauf an fast jeder beliebigen Stelle des Bildfeldes plaziert werden kann. Ferner wird durch die größere Fläche die Gefahr der Vignettierung bei Weitwinkelaufnahmen reduziert. Die neutralgrauen Verlauffilter von Cokin sind in zwei Dichten erhältlich. Aus Gründen der Bildgestaltung sind also in diesem Fall Verlauffilter aus Kunststoff mit Filterhalter den Einschraubfiltern aus Glas vorzuziehen. Die endgültige Positionierung bei Objektiven ohne Geradführung sollte aber erst nach erfolgter manueller Fokussierung vorgenommen werden, um die Filterposition durch die Scharfeinstellung nicht zu verändern. Bei Objektiven mit Geradführung bleibt die Filterposition sowohl vor als auch nach der Fokussierung unverändert.

Die größte Wirkung haben Verlauffilter im Weitwinkelbereich und bei Abblendung. Die Abblendtaste leistet bei der Überprüfung der Wirkung gute Dienste. Allerdings sollte man nicht stärker als bis Blende 8 abblenden, weil sonst der Verlauf zu scharf abgebildet werden kann. Auf jeden Fall sollte der Fotograf bei der ersten Begegnung mit Verlauffiltern eine Reihe von Testaufnahmen mit flankierenden Belichtungen bei verschiedenen Brennweiten, Blendeneinstellungen und Filterpositionen durchführen, um sich mit der Wirkung dieser Filter vertraut zu machen.

Graufilter

Graufilter, auch Neutraldichtefilter (ND) genannt, sind farblich neutrale Filter, die das gesamte sichtbare Spektrum (und zusätzlich auch die UV-Strahlen) einheitlich absorbieren. Die Graufilter reduzieren folglich das auf den Film einfallende Licht und können gleichermaßen in der Schwarzweiß- oder Farbfotografie angewendet werden. Canon bietet Graufilter in drei verschiedenen Dichten an: Grau ND-2L mit Verlängerungsfaktor 2X (reduziert das einfallende Licht um einen Lichtwert), Grau ND-4L mit Verlängerungsfaktor 4X (reduziert das Licht um zwei Lichtwerte) und Grau ND-8L mit Verlängerungsfaktor 8X (reduziert das Licht um drei Lichtwerte). Die Graufilter können aus technischen oder gestalterischen Überlegungen heraus eingesetzt werden. Sie ermöglichen beispielsweise lange Verschlußzeiten, um Bewegungen verwischt beziehungsweise fließend wiederzugeben (Wasserfall, Gebirgsbach) oder große Blendenöffnungen für geringe Schärfentiefe. Graufilter können auch verwendet werden, wenn die Lichtmenge zu groß, der Meßbereich der Belichtungsmessung überschritten oder der Film zu empfindlich ist.

Filter für die Schwarzweißfotografie

Polarisationsfilter, neutrale Verlauffilter und Graufilter können sowohl in der Schwarzweiß- als auch in der Farbfotografie verwendet werden. Es gibt aber auch Filter, die auf die spezifischen Gegebenheiten in der Schwarzweißfotografie abgestimmt sind. Sie können eine richtige, eine übersteigerte oder eine sehr differenzierte Übertragung der Motivfarben in Grauwerte bewirken. Grundsätzlich gilt für diese Art von Filtern, daß die eigene Farbe heller und die Komplementärfarbe dunkler wiedergegeben wird. Auf die wichtigsten Filter für die Schwarzweißfotografie werden wir nachfolgend kurz eingehen.

Gelbfilter
Das Gelbfilter wird vor allem bei Landschaftsaufnahmen verwendet. Es dunkelt den blauen Himmel geringfügig ab, betont leicht die Wolken und reduziert etwas den atmosphärischen Dunst. Bei Schneeaufnahmen bewirkt das Gelbfilter eine brillantere und plastischere Schneewiedegabe. Auch die Hauttöne werden heller und reiner wiedergegeben. Canon bietet Gelbfilter Y-1 (1,5X) und Y-3 (2X) an. Andere Hersteller haben bis zu drei verschiedene Gelbfiltern im Programm: Hell-, Mittel- und Dunkelgelb. Der Verlängerungsfaktor liegt bei etwa 1,5X bis 3X.

Kontraststeigerung durch Orangefilter

Orangefilter
Das Orangefilter hat eine ähnliche Wirkung wie das Gelbfilter, die aber intensiver ausfällt: Der Himmel wird etwas stärker abgedunkelt, die Wolkenwiedergabe ist kräftiger, Dunst wird besser unterdrückt. Das Orangefilter eignet sich sehr gut für Landschaftsaufnahmen, kann aber auch bei Architekturaufnahmen für kontrastreiche Bildergebnisse eingesetzt werden. Das Orangefilter wird auch in der Porträtfotografie, vor allem bei Kunstlicht, verwendet, um eine glatte Hautwiedergabe zu fördern. Man unterscheidet im allgemeinen zwischen einem Gelborange- und einem Rotorangefilter, wobei letzteres die stärkere Wirkung hat. Der Verlängerungsfaktor variiert zwischen 3X und 5X. Canon hat das Orangefilter O-1 (3X) im Lieferprogramm.

Rotfilter
Mit dem Rotfilter gelingen Landschaftsaufnahmen mit dramatischer Stimmung. Die Wirkung der Gelb- und Orangefilter wird erheblich gesteigert. Der blaue Himmel wird fast schwarz wiedergegeben (Mondscheineffekt, Gewitterstimmung). Die Kontrast-

Kontraststeigerung
durch durch Rotfilter

steigerung zwischen Wolken und Himmel erreicht ein Maximum. Atmosphärischer Dunst wird nahezu vollständig unterdrückt. Bei Porträtaufnahmen können Sommersprossen und Hautrötungen auf dem Film beseitigt werden. Es gibt ein helles und ein dunkles Rotfilter. Der Verlängerungsfaktor wird mit 8 angegeben, kann in der Praxis aber auch 25 erreichen. Für die korrekte Belichtung ist auch bei TTL-Messung oft eine Belichtungskorrektur von etwa +1 EV erforderlich. Die Wirkung des hellen Rotfilters reicht normalerweise aus. Die Verwendung von Rotfiltern sollte sorgfältig abgewogen werden, die Übertreibung darf nicht zum Selbstzweck werden, sondern muß der gewünschten Bildaussage entsprechen. Von Canon ist das Rotfilter R-1 (6X) erhältlich.

Gelbgrünfilter

Das Gelbgrünfilter bewirkt eine Aufhellung der grünen Vegetation und eine geringe Abdunklung des blauen Himmels. Deswegen wird es überwiegend bei Landschaftsaufnahmen eingesetzt. Auch Hauttöne werden vor allem im Freien dunkler wiedergegeben, doch Hautrötungen und Sommersprossen treten etwas deutlicher hervor. Das Gelbgrünfilter kann außerdem eingesetzt werden, wenn mit panchromatischem Film bei Kunstlicht fotografiert wird. Der Verlängerungsfaktor ist etwa 2.

Grünfilter

Das Grünfilter hat eine stärkere Wirkung als das Gelbgrünfilter. Vegetationsgrün wird deutlich heller wiedergegeben – in der Theorie zumindest. In der Praxis sind die meisten panchromatischen Filme für grün weniger empfindlich, so daß die Aufhellung oft geringer ausfällt als erwartet. Blauer Himmel und Rottöne hingegen werden tatsächlich abgedunkelt. Der Verlängerungsfaktor schwankt zwischen 3 und 4. Canon hat ebenfalls das Grünfilter G-1 (3X) im Lieferprogramm

Blaufilter

Das Blaufilter gibt den Himmel heller wieder und betont atmosphärischen Dunst und Nebel. Haut- und Rottöne werden etwas dunkler abgebildet. Das Blaufilter eignet sich für Porträt- und Aktaufnahmen bei Kunstlicht. Zu beachten ist aber, daß nicht nur die Haut, sondern auch Hautrötungen und Sommersprossen abgedunkelt beziehungsweise betont werden. Panchromatische Filme reagieren bei Tages- oder Blitzlicht bei Aufnahmen mit Blaufilter wie orthochromatische. Neben dem Blaufilter ist auch ein Mittelblaufilter erhältlich. Die Filterfaktoren liegen zwischen 1,5 und 2.

Zubehör für den Nahbereich

Der Nahbereich erstreckt sich mit Abbildungsmaßstäben zwischen 1:10 und 10:1 jenseits dessen, was mit der kürzesten Entfernungseinstellung der meisten Objektive zu erreichen ist. Die Objektive sind zudem nicht für den Nahbereich (Makroobjektive ausgenommen), sondern für unendlich korrigiert, was die Abbildungsqualität beeinträchtigen kann. Spezielles Aufnahme-Zubehör, wie Nahvorsätze, Makroadapter, Zwischenringe und Einstellbalgen, erschließen für einige herkömmliche Objektive auf einem guten Qualitätsniveau den Nahbereich. Durch Nahzubehör kann der Einsatzbereich der Makroobjektive erheblich erweitert werden.

Nahvorsätze

Gute Nahvorsätze sind, im Gegensatz zu einfachen Nahlinsen, hochwertige Achromate, die für bestimmte Brennweiten oder Brennweitenbereiche gerechnet wurden. Canon bietet zwei verschiedene Nahvorsätze mit Filtergewinde 52 mm und 58 mm, die unter der Bezeichnung Nahlinse 240 (4,17 Dioptrien) und Nahlinse 450 (2,22 Dioptrien) erhältlich sind. Sie bestehen aus zwei verkitteten Linsen und verkürzen die Brennweite des jeweiligen Objektivs, so daß bei gleichbleibendem Einstellweg der Objektivschnecke der Abbildungsmaßstab vergrößert wird. Anders als die herkömmlichen einfachen Nahlinsen steigern die achromatischen Vorsätze die optische Leistung der Objektive im Nahbereich – eine Abblendung um mindestens zwei Stufen vorausgesetzt. Sie sind eine preiswerte Alternative zum Kauf eines zusätzlichen Makroobjektivs für Fotografen, die nicht sehr oft in diesem Bereich fotografieren. Die leichten Nahvorsätze sind kaum größer als ein Filter und haben auch auf Reisen oder im Gebirge Platz in jeder Fototasche. Die Achromate können aber auch für Fotografen interessant sein, die sich auf Makroaufnahmen spezialisiert haben. Der durch Balgenauszug oder Zwischenringe bedingte Verlängerungsfaktor für die Belichtung entfällt, weil die achromatischen Vorsätze vor das jeweilige Objektiv in das Filtergewinde eingeschraubt werden und keinen eigenen Verlängerungsfaktor haben. Dadurch liefern die Nahvorsätze ein helles Sucherbild und ermöglichen verwacklungsfreie Freihandaufnahmen im Nahbereich. Mit Nahlinsen ist die automatische Scharfeinstellung nicht möglich, so daß manuell auf der Einstellscheibe fokussiert werden muß. Alle anderen Funktionen der EOS 500N bleiben auch mit achromatischen Vorsätzen erhalten.

Canon-Nahlinsen sind hochwertige Achromate und steigern die Abbildungsqualität herkömmlicher Objektive im Nahbereich

Mit Nahvorsätzen ist eine automatische Scharfeinstellung nicht möglich

Zwischenringe

Zwischenringe verlängern den Auszug des jeweiligen Objektives, so daß ein größerer Abbildungsmaßstab erreicht werden kann. Canon bietet für die EF-Objektive den Zwischenring EF 25 mit automatischer Blendenübertragung. Der Zwischenring wird zwischen Kamera und Objektiv eingesetzt, so daß eine Auszugsverlängerung von etwa 25 Millimetern erreicht wird. Die Belichtungsmessung kann bei offener Blende erfolgen. Der Zwischenring

Zwischenring EF 25

Canon bietet verschiedene Zwischenringe an, darunter auch Vario-Zwischenringe

Die für die FD-Objektive gedachten Zwischenringe müssen mit dem FD-EOS-Makroadapter an der EOS 500N angeschlossen werden

sollte bei manueller Belichtungseinstellung oder in der Zeitautomatik eingesetzt werden. Bei Programm- und Blendenautomatik können Fehlsteuerungen eintreten. Der durch den Auszug bedingte Verlängerungsfaktor wird von der TTL-Messung der Canon EOS 500N automatisch berücksichtigt. Die Scharfeinstellung sollte manuell erfolgen. Der Zwischenring EF 25 kann praktisch mit allen Objektiven, mit wenigen Ausnahmen, wie zum Beispiel EF 2,8/15 mm, EF 1/50 mm und EF 2,8/20-35 mm (im unteren Brennweitenbereich), verwendet werden. Man sollte die für unendlich korrigierten Objektive auf Blende 8 oder 11 abblenden und, sofern möglich, zusätzlich mit Nahvorsätzen bestücken.

Ein Nachteil der Zwischenringe ist, daß der Auszug nur um jeweils einen feststehenden Betrag verlängert werden kann. Etwas mehr Flexibilität erlauben sogenannte Ringkombinationen. Für die FD-Objektive sind mehrere Zwischenringe erhältlich, die auch als Ringkombination verwendet werden können: M 5 (Länge 5 mm), M 10 (10 mm), M 20 (20 mm), die Vario-Zwischenringe mit variablem Auszug M 15-25 (15-25 mm) und M 30-55 (30-55 mm), sowie die Universal-Zwischenringe FD 15 U (15 mm), FD 25 U (25 mm) und FD 50 U (50 mm). Damit diese Zwischenringe mit FD-Objektiven an der EOS 500N angeschlossen werden können, ist der FD-EOS-Makro-Adapterring erforderlich. Die Belichtungsmessung erfolgt bei Arbeitsblende. Die Ringe können miteinander kombiniert werden, womit, je nach Typ, eine Auszugsverlängerung von beispielsweise etwa 50 Millimetern erreicht wird. Diese Auszugsverlängerung, um bei unserem Beispiel zu bleiben, entspricht mit 50 Millimeter der Brennweite eines Normalobjektivs. Damit sind also mit dem 50 mm Objektiv Aufnahmen im Maßstab 1:1 möglich (zusätzlicher Auszug gleich Brennweite, Gesamtauszug gleich doppelte Brennweite). Durch den zusätzlichen Auszug verringert sich aber die effektive Lichtstärke um zwei Blendenstufen. Bei einem Objektiv mit Anfangsöffnung 1:2 würde bei einem Auszug für den Abbildungsmaßstab 1:1 die effektive Anfangsöffnung dem Wert 1:4 entsprechen. Das Sucherbild wird dementsprechend dunkler, was das manuelle Fokussieren erschwert (Autofokusbetrieb ist nicht möglich). Theoretisch können, um einen größeren Abbildungsmaßstab zu erreichen, mehrere Zwischenringe beliebig miteinander kombiniert werden. Die Abbildungsqualität der für unendlich korrigierten Objektive wird mit zunehmendem Abbildungsmaßstab schlechter, die Gefahr, daß »vagabundierendes« Licht die Kontrastwiedergabe vermindert, wächst, der Verlängerungsfaktor wird größer und die Verschlußzeiten werden länger.

Balgeneinstellgeräte

Unter der Bezeichnung Automatik-Balgengerät 35 bietet Canon ein Balgeneinstellgerät, das auch an EOS-Kameras angeschlossen werden kann. Mit den Balgeneinstellgeräten können verschiedene Objektive mit Brennweiten zwischen etwa 50 mm bis 300 mm verwendet werden, wobei sich die Abbildungsmaßstäbe stufenlos einstellen lassen. Durch den bis zu etwa 175 Millimeter langen Balgenauszug können, je nach Brennweite der Objektive,

Abbildungsmaßstäbe bis zu etwa 10:1 erreicht werden. Das Balgengerät hat eine vollautomatische Springblendenübertragung, so daß Offenblendenmessung möglich ist. Die Scharfeinstellung muß aber manuell erfolgen.

Das Balgeneinstellgerät wird zwischen Kamera und Objektiv eingesetzt. An der unteren Seite des Balgeneinstellgeräts ist ein arretierbarer Einstellschlitten eingebaut. Eine Millimeter-Skala (0-175 mm, für wiederholbare Einstellungen) sowie die mit einem 50 mm Objektiv erreichbaren Abbildungsmaßstäbe sind eingraviert. Durch eine ausgeklügelte Konstruktion ist die Kamerastandarte drehbar gelagert, was die Umstellung von Quer- auf Hochformat (oder umgekehrt) erheblich erleichtert – und das ohne die optische Achse zu verschieben.

Balgeneinstellgeräte erlauben eine stufenlose Auszugsverlängerung

In der Praxis wird zunächst der gewünschte Abbildungsmaßstab über den präzise geführten Balgenauszug festgelegt. Die eigentliche Fokussierung erfolgt anschließend über den Einstellschlitten. Bei kleineren Abbildungsmaßstäben als etwa 1:4 ist auch eine Scharfeinstellung über den Balgenauszug möglich. Die TTL-Belichtungsmessung der Kameras berücksichtigt automatisch die Verlängerungsfaktoren für den größeren Auszug. Als Zubehör für das Automatik-Balgengerät 35 gibt es einen Makrotisch (Makrostange), zwei Reprogeräte sowie das Dia-Kopiergerät 35.

An das Automatik-Balgengerät 35 von Canon können Objektive mit Brennweiten zwischen 50 mm und 300 mm angeschlossen werden

Sonstiges Makrozubehör

Im Lieferprogramm von Canon sind auch einige Umkehrringe zu finden, mit denen herkömmliche Aufnahmeobjektive des Typs »FD« in der sogenannten Retrostellung, also mit der Frontlinse zum Film, befestigt werden können. Der Umkehrring FL-52 ist für FD-Objektive mit Filterdurchmessern von 52 mm gedacht und hat einen 13 mm langen Schneckengang, mit dem sogar der Abbildungsmaßstab geringfügig vergrößert werden kann. Die Umkehrringe MA-52 (52 mm) und MA-58 (58 mm) haben zwar keinen eingebauten Schnek-kengang, die Baulänge von 5 mm hat aber dieselbe Wirkung wie eine Auszugsverlängerung um 5 mm. Wenn FD-Objektive in Retrostellung verwendet werden, ist auch der ringförmige Aufsatz »Macro Hood« sinnvoll, der die Blendenfunktion sichert. Um die FL- oder MA-Umkehrringe an der EOS 500N zu verwenden, ist zusätzlich der FD-EOS-Makro-Adapterring erforderlich.

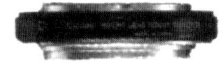

FD-EOS-Makro-Adapterring

Der Einsatz der Objektive in Retrostellung läßt sich theoretisch wie folgt untermauern: Die meisten Objektive sind für unendlich korrigiert, für einen Aufnahmebereich also, in dem die Aufnahmeentfernung (genauer: die Gegenstandsweite) wesentlich größer als die Entfernung zwischen Objektiv und Filmebene (genauer: als die Bildweite) ist. Beim Abbildungsmaßstab 1:1 sind beide Entfernungen gleich groß. Bei einem vergrößerten Abbildungsmaßstab ist die Gegenstandsweite sogar geringer als die Bildweite. Wenn das für unendlich korrigierte Objektiv umgekehrt an die Kamera angeschlossen wird, werden die Aufnahmebedingungen, für die das Objektiv gerechnet wurde, wieder hergestellt. Theoretisch kann ein Objektiv in Retrostellung bei Abbildungsmaßstäben zwischen etwa 1:1 und 5:1 eine sehr gute Abbildungsleistung aufweisen. In der Praxis kann aber die Abbildungsleistung durch verschiedene Faktoren beeinträchtigt werden. Die sozusagen zur Frontlinse gewordene Hinterlinse kann nicht wirkungsvoll gegen Streulicht geschützt werden, was zu einer Reduzierung des Kontrastes und somit des visuellen Schärfeeindrucks führen kann. Außerdem sind die Aufnahmeabstände so gering, daß eine angemessene Beleuchtung nicht möglich ist.

Adapter

Es gibt aber immer noch Nostalgiker unter den Fotografen, die Objektive älterer Bauart an moderne Kameras anschließen möchten. Canon bietet Adapter für die Verwendung von FD-Objektiven an Canon EOS-Kameras, wie beispielsweise den FD-EOS-Konverter und den FD-EOS-Makro-Adapterring. Die Zubehörhersteller haben auch Adapter im Lieferprogramm. So bietet beispielsweise Hama den Objektivadapter »Canon EOS/FD«, mit dem sich sämtliche Canon FD-, AE- und FL-Objektive an den EOS-Kameras anschließen lassen.

Für die Nostalgiker unter den Fotografen werden Adapter angeboten, mit denen ältere Canon-Objektive an der EOS 500N angeschlossen werden können

Eine andere Möglichkeit besteht darin, Mittelformatobjektive an Kleinbildkameras anzuschließen. Der Vorteil dieser Kombination besteht zweifelsohne in der Tatsache, daß nur die gut korrigierte Bildkreismitte für die Abbildung verwendet wird. Das läßt eine sehr gute Schärfe- und Kontrastleistung erwarten.

Die Frage, ob der Einsatz von Objektiven mit Adaptern sich lohnt, muß jeder Fotograf für sich selbst beantworten. Allerdings sollte man bei den Überlegungen folgendes berücksichtigen: Von der Tatsache, daß viele neue, vor allem AF-Objektive in Kunststoff gefaßt sind, darf man nicht unmittelbar darauf schließen, daß ältere Objektive aufgrund ihrer Metallfassung besser sind. Fortschritte in der Vergütungstechnik, neue Glassorten mit verbesserten Eigenschaften, asphärische Linsen und computergestützte Objektivrechnungen können so manches 20 Jahre alte Objektiv beim Vergleich der Abbildungsleistung tatsächlich »alt« aussehen lassen. Allerdings gibt es auch viele Objektive in Kunststofffassung, die als »Kampfpreis-Objektive« so gerechnet und gefertigt sind, daß sie im Set mit bestimmten Kameras billiger als von der Konkurrenz angeboten werden können. Folglich können keine pauschalen Aussagen gemacht werden, daß alte Objektive stets besser oder stets schlechter als neue Objektive sind.

Adapter können die Abbildungsqualität der Objektive und den Bedienungskomfort der Kamera beeinträchtigen

Allerdings können aber bestimmte Adapter, die auch das Auflagemaß verändern müssen, die Abbildungsqualität der Objektive verschlechtern. Wenn beispielsweise ältere Canon FD-, AE- oder sogar FL-Objektive an EOS-Kameras angepaßt werden sollen, dann ist der Einsatz einer zusätzlichen Linse im Adapter erforderlich, um das größere Auflagemaß der EF-Objektive zu kompensieren. Dadurch befindet sich aber eine zusätzliche Luft-Glas-Luft-Fläche im Strahlengang des Objektivs, die bei der Objektivrechnung nicht berücksichtigt wurde. Eine Verschlechterung der Schärfe- und Kontrastwiedergabe kann die Folge sein.

Die EOS 500N bietet einen hohen Bedienungskomfort, der nicht ohne Einfluß auf die Arbeitsweise mit dieser Kamera ist. Damit meinen wir tatsächlich nützliche Funktionen, wie die Anzeige der Blende und Verschlußzeit im Sucher, Offenblendenmessung, Springblendenübertragung sowie Programm-, Blenden- oder Zeitautomatik. Einige dieser Funktionen können mit den Adaptern nur in Ausnahmefällen übertragen werden, normalerweise muß man aber darauf verzichten. Außerdem ist es schon eine seltsame, widersprüchliche Situation, wenn man beispielsweise bei einer High-Tech-Kamera wie der EOS 500N sämtliche Automatikfunktionen außer Betrieb setzt und bei Arbeitsblende fotografiert, nur um ein altes Objektiv mit einem Adapter zu verwenden. Das kann man vielleicht nur bei ausgefallenen, selten benutzten Brennweiten, wenn überhaupt, vertreten.

Gegenlichtblenden

Die Gegenlichtblende hat viele Funktionen, nur eine jedoch nicht: Gegenlicht von der Frontlinse fernzuhalten. Strenges Gegenlicht wirkt sich aber bei guten Objektiven weniger negativ aus als Seitenlicht. Seitenlicht verursacht nämlich fast immer die gefürchteten Blendenreflexe, die meistens den Lichtstrahlen folgen und seitlich (diagonal) verlaufen. Die im Bild sichtbaren Blendenreflexe sind nichts anderes als mehrfache Abbildungen der Blendenöffnung, die auch als Nebenbilder bezeichnet werden. Nebenbilder können aber auch entstehen, wenn eine starke Lichtquelle, die sich im Bild befindet, mehrfach abgebildet wird. Nebenbilder sind also scharfe, mehrfache Abbildungen der Lichtquelle oder der Blendenöffnung, die durch Reflexion an den Linsenoberflächen innerhalb des Objektivs entstehen. Durch auf die jeweilige Glassorte abgestimmte Vergütung können die Nebenbilder weitgehend reduziert werden. Eine vollkommene Beseitigung der Nebenbilder ist jedoch nicht möglich.

Seitlich einfallendes Licht kann Blendenreflexe erzeugen

Seitenlicht, das unkontrolliert auf die Frontlinse einfällt, gelangt als vagabundierendes Streulicht in das Innere des Objektivs und somit auf die Filmfläche. Im Gegensatz zu den scharfen Nebenbildern, ist diffuses Streulicht auf dem Bild nicht unmittelbar sichtbar, sondern macht sich durch eine flaue Abbildung bemerkbar. Eine Art Grauschleier überzieht das Bild und reduziert den Kontrast. Vagabundierendes Streulicht kann aber nicht nur durch unkontrolliert einfallendes Seitenlicht verursacht werden, sondern auch durch Überlagerung und Reflexion im Innern des Objektivs (an den Linsenoberflächen oder der Fassung). Diese Art von Streulicht, die konstruktionsbedingt entsteht, kann durch eine Gegenlichtblende nur minimal reduziert werden. Schmutz oder Kratzer auf der Frontlinse sind weitere Faktoren, die Streulicht verursachen können. Nebenbilder sind auch im Sucher sichtbar und können durch eine Gegenlichtblende und durch einen geringfügigen Standortwechsel weitgehend behoben werden. Der Kontrastverlust durch Streulicht ist nicht direkt im Sucher, sondern erst im entwickelten Bild festzustellen. Auf jeden Fall aber sollte man niemals ohne Gegenlichtblende fotografieren.

Gegenlichtblenden können Seitenlichteinfall verhindern

Eine Gegenlichtblende bietet keinen absoluten Schutz vor Nebenbildern und Streulicht. In vielen Fällen ist jedoch ein wirksamer Schutz möglich. Die Gegenlichtblende muß der Brennweite und dem Bildwinkel des jeweiligen Objektivs genau angepaßt sein.

Die Gegenlichtblende muß der Brennweite und dem Bildwinkel des jeweiligen Objektivs angepaßt sein

Eine zu große oder zu lange Gegenlichtblende verursacht Vignettierung, während eine zu kleine und zu kurze Blende keinen genügenden Lichtschutz bietet. Am besten geeignet ist die Gegenlichtblende, die der Hersteller für das betreffende Objektiv anbietet, und Canon hat praktisch für jedes Objektiv die passende Gegenlichtblende im Lieferprogramm. Universal einsetzbare Gegenlichtblenden bieten entweder keinen ausreichenden Schutz oder vignettieren. Auch bei Zoomobjektiven ist die Wahl einer passenden Gegenlichtblende schwierig. Meistens entscheidet man sich bei Zooms für eine Gegenlichtblende, die der kürzeren Brennweite entspricht: Dadurch entsteht zwar keine Vignettierung, ein wirksamer Schutz ist aber ebensowenig gegeben. Etwas besser ist der Lichtschutz bei Zooms, bei denen die Frontlinse bei länger werdender Brennweite in den Tubus zurückgeht.

Sehr praktisch sind eingebaute, ausziehbare Gegenlichtblenden, die Canon bei einigen Teleobjektiven bietet. Gegenlichtblenden mit Bajonett können praktisch für jede Brennweite einzeln dimensioniert werden und sind einfach und schnell einzusetzen. Einige Gegenlichtblenden mit Bajonett können für den Transport auch umgekehrt angesetzt werden. Starre Gegenlichtblenden aus Metall oder Kunststoff haben auch eine Schutzfunktion für die Frontlinse (vor mechanischen Beschädigungen). Gegenlichtblenden aus Gummi bieten ebenfalls einen guten Lichtschutz, sind meistens jedoch mit Schraubgewinde ausgestattet. Das ist nicht nur umständlich in der Handhabung, sondern kann auch, vor allem in Verbindung mit einem Filter, Vignettierung verursachen.

Canon bietet verschiedene Gegenlichtblenden, die auf die jeweiligen Objektive genau abgestimmt sind

Ein Kompendium ist eine variable Gegenlichtblende, die üblicherweise auch mit einem Filtereinschub ausgestattet ist

Eine gute universelle Lösung kann nur ein Kompendium bieten, das eine variable Gegenlichtblende darstellt. Kompendien kommen aus der Großbildfotografie, doch mittlerweile werden sie auch für Mittelformat- und Kleinbildobjektive angeboten. Das Kompendium besteht aus einem schwarzen Balgen, dessen Länge der Brennweite des Objektivs angepaßt werden kann (durch Markierungen). Ein Kompendium ist wesentlich teurer als eine Gegenlichtblende, kann aber über Adapterringe an den meisten Objektiven angeschlossen werden. Das Kompendium ist außerdem mit Zubehörfächern ausgestattet, in denen Filter, Masken oder Weichzeichner eingesetzt werden können.

Problematisch wird der Einsatz von Gegenlichtblenden im extremen Weitwinkelbereich. Eine Gegenlichtblende, die beispielsweise einem 14 mm Objektiv wirksam Lichtschutz bieten soll, würde die Maße eines Regenschirmes haben. Daher dient die bei Objektiven in diesem Brennweitenbereich eingebaute kleine Gegenlichtblende mehr dem Schutz der Frontlinse vor mechanischen Beschädigungen als vor Seitenlicht. Für Fisheye-Objektive, vor allem für solche, die eine kreisrunde Abbildung erzeugen, gibt es keine Gegenlichtblende.

Worauf es noch ankommt

Das Wichtigste über die Canon EOS 500N und den praktischen Einsatz der Kamera und Objektive kennen Sie bereits. Sie haben schon einige Filme belichtet und freuen sich über die Bildergebnisse. Doch damit die Freude lange anhält, müssen einige Aspekte beachtet werden, wie zum Beispiel die Wartung und Pflege der Kamera und Objektive. Auch sollten Sie den richtigen Umgang mit Lithium-Batterien kennen, um die Anzahl der pro Batteriesatz belichteten Filme erhöhen zu können. Und natürlich sollte die optische Kette nicht »abreißen«.

Die Qualitätskette

Eine Kette ist bekanntlich nur so gut, wie ihr schwächstes Glied; so auch die Qualitätskette, die von der Aufnahme bis zum fertigen Bild führt. Dabei kommt es darauf an, die gute Abbildungsqualität der Aufnahmeobjektive nicht durch eine qualitätsmindernde Wiedergabe zu beeinträchtigen. Deswegen ist es unerläßlich, für die Projektion oder Vergrößerung nur Produkte zu verwenden, die den hohen Qualitätsansprüchen genügen.

Die Diaprojektoren sollten eine optimale Lichtausbeute und eine gleichmäßige Ausleuchtung bis in die Bildecken hinein bieten. In kleinen Räumen genügt im Prinzip ein Diaprojektor mit einer 150 Watt Lampe. Einen Projektor mit einer 250 Watt Lampe kann man jedoch vielseitiger einsetzen und er liefert auch in kleinen Räumen ein brillanteres Bild. Ein hoher Bedienungskomfort (zum Beispiel Infrarotbedienung) erleichtert die Projektion. Für einen eventuellen späteren Ausbau zu einer Überblendeinheit ist es gut, wenn der Diaprojektor mit einem Dimmer ausgestattet ist. Damit die Diaprojektion jedoch zum Erlebnis wird, sollten nur hochwertige Projektionsobjektive verwendet werden, die ein randscharfes und brillantes Bild auf die auf die Raumverhältnisse abgestimmte Projektionsleinwand werfen. Doppelseitig geglaste Diarahmen mit Metallmasken sind optimal für eine gleichmäßig scharfe Projektion. Bei der Aufbewahrung über einen längeren Zeitraum können aber Probleme auftreten (zum Beispiel »Bakterienfraß« oder Pilzbefall).

Wer von seinen Aufnahmen lieber Papierabzüge selbst herstellen will, sollte sich für einen robusten, stabilen Vergrößerer mit einer gleichmäßigen und hellen Ausleuchtung entscheiden. Sehr praxisgerecht sind modular aufgebaute Vergrößerer, die wahlweise mit einem Color-, Variocontrast- oder Schwarzweißmodul ausgestattet werden können. Der Vergrößerer sollte ebenfalls mit einem Hochleistungsobjektiv bestückt werden, mit dem auch bei Ausschnittsvergrößerungen eine Bildwiedergabe ohne Qualitätsverlust möglich ist. Fotografen die ihre Filme nicht selbst verarbei-

Diaprojektoren sollten eine gleichmäßige Ausleuchtung haben und mit einem hochwertigen Projektionsobjektiv bestückt werden

Für Papierabzüge sollte man ein Labor mit einem guten Preis-Leistungsverhältnis aussuchen

154

ten, sollten das Labor sorgfältig auswählen. Abzüge in einem guten Fachlabor sind teuer, daher sollte man ein gewöhnliches Labor oder eine entsprechende Annahmestelle suchen, die ein möglichst gutes Preis-Leistungs-Verhältnis bietet. Für Abzüge von Diafilmen bis 13x18 oder maximal 18x24 kann man sich für das Agfa Digiprint-Verfahren entscheiden, das fein abgestufte, scharfe Papierbilder zu einem relativ moderaten Preis liefert.

Wartung und Pflege der Kamera und Objektive

Die EOS 500N sollte vor Regen, hoher Luftfeuchtigkeit oder Schee geschützt werden

Elektronische Kameras wie die EOS 500N haben einen großen Feind: Feuchtigkeit. Regen, hohe Luftfeuchtigkeit, Schneefall oder Meeresluft können zum Funktionsausfall führen. Auch Hitze oder Kälte sowie große Temperaturschwankungen gelten als »natürliche« Feinde der Kameraelektronik. Daher ist es wichtig, die EOS 500N bei schlechter Witterung in einer Fototasche mit Reißverschluß zu schützen und gegebenenfalls nur für die Aufnahme herauszuholen. Bei einem Segeltörn oder einer Kreuzfahrt kann die Kamera zusätzlich in Plastikbeutel verpackt werden. Oft ist auch ein kleiner Beutel Silicagel in der Fototasche empfehlenswert, der Feuchtigkeit absorbiert (kann anschließend im Backofen getrocknet

Auch hohe Temperaturen, wie sie im Sommer im Auto entstehen, können der Kamera schaden

werden). Bei Fahrten mit dem Auto sollte die Kamera nicht auf der Rückbank oder im Kofferraum aufbewahrt werden. Im Sommer werden im Auto nicht selten Temperaturen von 50° C erreicht.

Selbstverständlich sollten auch die Objektive pfleglich behandelt werden. Die Reinigung der Objektive ist an sich eine einfache Sache, obwohl es immer noch vorkommt, daß eine gut gemeinte »Reinigungsaktion« die Front- oder Hinterlinse und somit das Objektiv ruiniert. Verschmutzte Frontlinsen (oder Hinterlinsen) sollten zunächst mit einem sauberen Objektivpinsel mit Luftball von Staubpartikeln gereinigt werden. Es ist sehr wichtig, daß Pinselhaare nicht mit den Fingern berührt werden. Oft genügt die Reinigung mit dem Luftpinsel. Bei hartnäckiger Verschmutzung, wie Fingerabdrücke oder Spritzer, muß zusätzlich gereinigt werden. Zunächst sollte aber der Staub mit dem Luftpinsel entfernt werden, damit beim Wischen keine Kratzer entstehen. Als Reinigungstuch werden oft Leinen- und Baumwolltücher oder sogar Linsenreinigungspapier, liebevoll auch »optisches Papier« genannt, empfohlen. Wir haben über einen längeren Zeitraum bei hartem Einsatz jedoch mit weichem Rehleder, wie es von einigen Zubehörherstellern als »optisches Leder« im Fotohandel angeboten wird, die besten Erfahrungen gemacht, obwohl vielfach davon

Objektive können mit einem Luftpinsel und mit optischem Leder gereinigt werden

abgeraten wird. Falls man sich für das Leder entscheidet, sollte man darauf achten, daß nur die glatten Teile herausgeschnitten und benutzt werden. Die staubfreie Linsenfläche wird nun angehaucht und mit dem glatten Leder in kreisenden Bewegungen abgewischt. Mit dieser einfachen »Methode« gelingt es sogar Fettspuren und Salzwasserspritzer problemlos zu beseitigen, ohne die geringsten Spuren auf der Glasfläche zu hinterlassen. Zu

155

speziellen Reinigungsflüssigkeiten für Objektive sollte man nur dann greifen, wenn keine Reinigung durch Anhauchen und Abwischen mehr möglich ist. Die Reinigungsflüssigkeit sollte auf ein Tuch und auf keinen Fall auf die Linsenfläche gegeben werden, weil sie dann in die Fassung eindringen kann. Anschließend sollte trocken nachgewischt werden.

Fingerabdrücke und sonstige Fettspuren oder Salzwasserspritzer sollten möglichst bald beseitigt werden, weil sie in einem längeren Zeitraum die Vergütung angreifen können. Ansonsten genügt das Abstauben mit dem Luftpinsel und gelegentlich das Anhauchen und Abwischen, zumal kleine Staubpartikel keinen Einfluß auf die Abbildungsqualität der Objektive haben.

Eine deffekte Kamera gehört nicht in eine Hinterhofwerkstatt, sondern in eine autorisierte Canon-Vertragswerkstatt

Die EOS 500N und die EF-Objektive bleiben normalerweise auch unter widrigen Aufnahmebedingungen voll funktionsfähig. Doch auch bei zuverlässigen Kameras und Objektiven sind Schadensfälle nicht auszuschließen. Die EOS 500N und die EF-Objektive gehören bei Funktionsausfall nicht in irgendeine Hinterhofwerkstatt, sondern in den Canon-Kundendienst oder in eine autorisierte Vertragswerkstatt.

Der richtige Umgang mit Lithium-Batterien

Lithium-Batterien sind eine moderne Energiequelle mit hervorragenden Eigenschaften, wie eine besonders flache Entladungskurve und hohe Impulsbelastbarkeit fast über die gesamte Lebensdauer. Sie weisen eine geringe Selbstentladung auf und können bis zu zehn Jahre gelagert werden. Außerdem haben sie ein sehr gutes Temperaturverhalten, ein geringes Gewicht und eine relativ gute Umweltverträglichkeit. Lithium-Batterien gelten als auslaufsicher. Damit die Leistungsfähigkeit der Lithium-Batterien nicht beeinträchtigt wird, sollten folgende Aspekte berücksichtigt werden:

Lithium-Batterien können bei längerem Nichtgebrauch »einschlafen« und sollten anschließend formiert werden

• Lithium-Batterien, die lange Zeit nicht benutzt worden sind, können »einschlafen«. Vor dem erneuten Gebrauch sollten sie »aufgeweckt«, das heißt formiert oder konditioniert werden. Dafür genügt es, wenn vor jeder Benutzung oder bei Nichtgebrauch von Zeit zu Zeit etwa 10 bis 20 Blitzaufnahmen (ohne Film) unmittelbar hintereinander gemacht werden.
• Nach dem Kauf einer neuen Kamera sind »Trockenübungen« unerläßlich. Allerdings können »Trockenübungen« viel Strom verbrauchen, so daß bei der ersten Batterie die Anzahl der belichteten Filme deutlich geringer als von Canon angegeben ausfallen kann.

Batteriewechsel nur dann durchführen, wenn das Batteriesymbol für leer erscheint

• Die automatische Batteriekontrolle ist so programmiert, daß das Symbol für die halbleere Batterie recht früh auf dem Datenmonitor angezeigt wird. In diesem Fall sollte man eine Ersatzbatterie stets zur Hand haben, den Batteriewechsel aber noch nicht durchführen. Oft kann es auch vorkommen, daß beim Einschalten der Kamera das Batteriesymbol nur halbe

Ladung anzeigt, um nach einigen Aufnahmen wieder die volle Leistung anzuzeigen. Die Batterie sollte nur dann gewechselt werden, wenn das Symbol für leere Batterie erscheint.

Lithium-Batterien müssen nicht getrennt entsorgt werden

- Batteriepole und Kamerakontakte nicht mit den Fingern berühren – gegebenenfalls mit einem trockenen Tuch reinigen.
- Lithium-Batterien sind Primärzellen und dürfen auf keinen Fall an ein Ladegerät angeschlossen werden. Selbstverständlich sollten Sie auch nicht ins Feuer geworfen oder geöffnet werden.
- Die Ersatzbatterien sollten nicht zusammen mit metallischen Gegenständen transportiert oder gelagert werden, um die Gefahr eines Kurzschlusses oder der Entladung auszuschließen.
- Lithium-Batterien sind nicht mit dem Recycling-Symbol gekennzeichnet, so daß sie nach dem neuen »Entsorgungskonzept« nicht eingesammelt werden müssen und folglich mit dem Hausmüll weggeworfen werden können.

Die technischen Daten der Canon-Objektive

Je nach Einsatzgebiet eines Objektivs ist mal die eine, mal die andere Information wichtig. Hier eine kurze Auflistung:

Die Anzahl der Linsen und Linsengruppen gibt keinen Aufschluß über die Abbildungsqualität eines Objektives

Von der Anzahl der Linsen und der Gruppen, sei sie noch so beeindruckend, kann man nicht auf die Abbildungsqualität eines Objektivs schließen. Daher dient diese Angabe eher der Vollständigkeit.

Die kürzeste Entfernungseinstellung ist für Nahaufnahmen wichtig

Die kürzeste Entfernungseinstellung oder der größte Abbildungsmaßstab sind Angaben, die für Nahaufnahmen wichtig sind. Außerdem geben sie einen Hinweis auf die Einsatzmöglichkeiten eines Objektivs, die durch einen großen Einstellbereich erweitert werden. Von echten Makroobjektiven abgesehen sind die meisten Objektive für unendlich optimal korrigiert, selbst wenn sie die Zusatzbezeichnung »Makro« tragen (die oft nur für den erweiterten Einstellbereich steht). Die Angabe des kleinsten Objektfeldes ist für kleinere Stilleben oder für die Porträtfotografie von Bedeutung.

Die kleinste Blende ist maßgeblich für die maximale Schärfentiefe bei einem bestimmten Abbildungsmaßstab

Aus der Angabe der kleinsten Blende kann man die maximale Abblendung und damit die bei einem bestimmten Abbildungsmaßstab erreichbare Schärfentiefe errechnen. Allerdings kann schon bei kleineren Blendenöffnungen als 1:8 die Beugung an den Blendenlamellen die Abbildungsleistung eines Objektivs beeinträchtigen.

Der Filterdurchmesser ist eine obligatorische Angabe, die, zumindest theoretisch, vor dem Kauf ganzer Filtersets mit unterschiedlichen Durchmessern bewahren soll. Es ist aus mehreren Gründen zweifelsohne praktischer, wenn sämtliche Objektive den gleichen Filterdurchmesser haben. In der Praxis wird man aber nur selten ein Objektiv dem anderen nur aufgrund seines Filterdurchmessers vorziehen. Die anderen Angaben, wie Baulänge, größter Durchmesser oder Gewicht spielen vor allem bei Reise-, Landschafts- oder Naturfotografen eine Rolle, sind aber für alle Fotografen wichtig, die ihre Ausrüstung lange Zeit tragen oder auf engem Raum verstauen müssen.

Die Canon EF-Objektive

Objektiv	AF-Motor	diagonaler Bildwinkel	Linsen/Glieder	kleinste Blende	Naheinstell-grenze (m)	Filter ∅ (mm)	Baulänge (mm)	Gewicht (g)
EF 1:2,8/14 mm L USM	USM	114°	13/10	22	0,25	Filterhalter	89	560
EF 1:2,8/15 mm Fischauge	AFD	180°	8/7	22	0,2	eingebaut	62,2	330
EF 1:2,8/20 mm USM	USM	94°	11/9	22	0,25	72	70,6	500
EF 1:2,8/24 mm	AFD	84 °20	10/10	22	0,25	58	48,5	270
EF 1:1,8/28 mm USM	USM	75°	10/9	22	0,25	58	55,6	310
EF 1:2,8/28 mm	AFD	75°	5/5	22	0,3	52	42,5	185
EF 1:2/35 mm	AFD	63°	7/5	22	0,25	52	42,5	210
EF 1:1,4/50mm USM	MM	46°	7/6	22	0,45	58	50,5	290
EF 1:1,0/50 mm L USM	USM	46°	11/9	16	0,6	72	81,5	985
EF 1:1,8/50 mm II	AFD	46°	6/5	22	0,45	52	41	130
EF 1:2,5/50 mm Makro	AFD	46°	9/8	32	0,23	52	63	280
EF 1:1,2/85 mm L USM	USM	28°30'	8/7	16	0,95	72	84	1025
EF 1:1,8/85 mm USM	USM	28°30'	9/7	22	0,85	58	71,5	440
EF 1:2/100 mm USM	MM	24°	8/6	22	0,9	58	73,5	460
EF 1:2,8/100 mm Makro	MM	24°	10/9	32	0,31	52	105,5	650
EF 1:2/135 mm L USM	USM	18°	10/8	32	0,9	72	112,4	750
EF 1:2,8/135 mm Softfocus	AFD	18°	7/6	32	1,3	52	98,4	390
EF 1:3,5/180 mm L USM Macro	USM	13°40'	14/12	32	0,48	72	186,6	1090
EF 1:1,8/200 mm L USM	USM	12°	12/10	22	2,5	48*	208	3000
EF 1:2,8/200 mm L USM II	USM	12°	9/7	32	1,5	72	136,2	765
EF 1:2,8/300 mm L USM	USM	8°15'	9/7	32	3,0	48*	253	2855
EF 1:4/300 mm L USM	USM	8°15'	8/7	32	2,5	77	213,5	1165
EF 1:2,8/400 mm L USM	USM	6°10'	11/9	32	4	48*	348	5910
EF 1:5,6/400 mm L USM	USM	6°10'	7/6	32	3,5	77	256,5	1250
EF 1:4,5/500 mm L USM	USM	5°	7/6	32	5	48*	390	3000
EF 1:4/600 mm L USM	USM	4°10'	9/8	32	6,0	48*	456	6000
EF 1:5,6/1200 mm L USM II	USM	2°05'	12/9	32	14	20*	835,3	16500
EF 1:2,8/17-35 mm L USM	USM	84°-28°	15/12	22 -27	0,5	67	69,5	400
EF 1:2,8/20-35 mm L	AFD	94°-63°	15/12	22	0,5	72	89	540
EF 1:3,5-4,5/20-35 mm USM	USM	94°-63°	12/11	22-27	0,34	77	68,9	340
EF 1:3,5-4,5/24-85 mm USM	USM	84°-28°	15/12	22-27	0,5	67	69,5	400
EF 1:2,8/28-70 mm L USM	USM	75°-34°	16/11	22	0,5 (Makro)	77	117,6	880
EF 1:3,5-5,6/28-80 mm USM IV	USM	75°-30 °20	10/10	22-38	0,38	58	71,2	200
EF 1:3,5-4,5/28-105 mm USM	USM	75°-23°20'	15/12	22-29	0,5	58	75	365
EF 1:4,5-5,6/35-80 mm USM	MM	63°-30°	8/8	22-32	0,38	52	61	170
EF 1:4-5,6/35-80 mm III	-	63°-30°	8/8	22-32	0,4	52	63,5	170
EF 1:4-5,6/35-105 mm USM	MM	63°-23°20'	13/12	22-29	0,85	58	63	280
EF 1:4-5,6/35-135 mm USM	USM	63°-18°	14/12	22-32	0,75	58	86,4	425
EF 1:3,5-5,6/35-350 mm L USM	USM	63°-7°	21/15	22-32	0,67-2,20	72	167,4	1350
EF 1:2,8/70-200 mm L USM	USM	34°-12°	18/15	32	1,5	77	193,6-	1310
EF 1:3,5-4,5/70-210 mm USM	USM	34°-11°20'	14/10	27-32	1,5	58	121,5	550
EF 1:4-5,6/75-300 mm USM II	USM	32°11'-8°15'	13/9	32-45	1,5	58	122,1	495
EF 1:4-5,6/75-300 mm II	-	32°11'-8°15'	13/9	32-45	1,5	58	122,1	480
EF 1:4-5,6/75-300 mm IS USM	USM	32°11'-8°15'	15/10	32-45	1,5	58	137,2	670
EF 1:2,8/80-200 mm L	AFD	30°-12°	16/13	32	1,8	72	185,7	1330
EF 1:4,5-5,6/80-200 mm USM	USM	30°-12°	10/7	22-27	1,5	52	78,5	260
EF 1:4,5-5,6/80-200 mm II	-	30°-12°	10/7	22-27	1,5	52	78,5	250
EF 1:4,5-5,6/100-300 mm USM	USM	24°-8°15'	13/10	32	1,5	58	121,5	540
EF 1:5,6/100-300 mm L	AFD	24°-8°15'	15/10	32	1,5	58	166,6	695
TS-E 1:3,5/24 mm L	-	84°	11/9	22	0,3	72	86,8	570
TS-E 1:2,8/45 mm	-	51°	10/6	22	0,4	72	90,1	645
TS-E 1:2,8/90 mm	-	27°	6/5	32	0,5	58	88	565
Extender EF 1,4x	-	-	5/4	-	-	-	27,3	210
Extender EF 2x	-	-	7/5	-	-	-	50,5	240

AFD = Bogenmotor   USM = Ultraschallmotor   MM = Mikromotor (USM)   * Steckfilter

Sachwortverzeichnis